ソフトウェアテスト

自動化の教科書

林 尚平

現場の失敗から学ぶ設計プロセス

技術評論社

はじめに

　システム開発の技術は進化しつづけ、現場の効率化や開発の品質向上が進んでいます。一方、テストの現場は昔と変わらず炎上しがちで、昔ながらの根性論で乗り切っていることが多くみられます。テストの現場が炎上している原因は、テスト技術が進化していないからなのでしょうか。

　じつは、テスト技術は確実に進化し向上しています。それでもテスト現場が落ち着きを見せないのは、なぜでしょうか。

　テスト技術とは以下の2種類に集約されます。

- 品質を上げる技術
- テスト工数を削減する技術

　テスト現場が落ち着きを見せないのは、不具合検出に焦点を合わせた「品質を上げる技術」のみを高めていることが多いからです。品質を上げる技術だけを高めても、実施する試験が次から次へと積み上がるだけで、テストの工数が膨れ上がってしまいます。今、テスト現場に必要なのは「テスト工数を削減する技術」です。自動テストとは、「テスト工数を削減する技術」に着目した技術です。

　現在、テストの現場には多くの問題があります。システムの複雑化・大規模化が進む中、高い品質や開発スピードの短縮を求められ、テストに関する予算削減圧力は高まっています。また、昨今の新型コロナウイルス感染症拡大により、出社が制限され成果が出せない状況下で、省人化・効率化が求め

られています。さらに、働き方改革による作業時間の制限などもあり、これまでと同じやり方では通用しなくなっています。システムの品質は製品にとってもちろん重要ですが、テストにかける工数を削減することも同じく重要な問題となっています。

　そんな状況を脱却するために、自動テストを試したことのある現場は多いでしょう。しかし、うまく自動化できないまま品質は上がらず、逆に工数が増えてしまっているのではないでしょうか。さらに、自分では自動化に成功していると思っていても、工数の削減について着眼せず、自動で動いていることに満足しているだけというケースも多くあります。

　自動テストの失敗のほとんどは、自動テストに関する知識が足りず、自動テストをどのように設計すればよいかわからないまま作業を進めてしまったことが原因です。しかし、自動テストについて調べても、「自動化ツール○○を用いた自動テスト」といったツール限定の内容が多く、現場に合わないツールを無理に導入して失敗してしまうことが多いと思います。

　本書では、自動テストの設計・プロセスに焦点を当て、どのように進めればリスクを抑え、工数を削減できるか説明します。また、自動テストの現場の失敗例を挙げ、その問題点を通して、より自動化プロセスの理解を深めてもらえるようにしています。

　自動テストは、特別なスキルが必要なものではありません。自動テストに関する知識を少し押さえておけば、誰でも成功するテスト技術です。テストを自動化し、テストを管理できる状態にし、効率の良いテストプロセスの構築を目指しましょう。

第 1 章

ソフトウェアテストと
テストの課題を知る

第 **2** 章

自動テストの
正しい知識を身につける

第 3 章

自動化を成功させるための
４つのプロセス

第 **4** 章

データ駆動型テストの 自動化を実践する

第 **5** 章
順次実行型テストの
自動化を実践する

第 **1** 章

ソフトウェアテストと
テストの課題を知る

ソフトウェアテストの現状と課題

ソフトウェアに求められるもの

　ソフトウェアは、PC やスマートフォン、自動車、家電製品、工業機械などいたるところにソフトウェアが搭載されており、多様かつ高度なサービスを提供しています。また、電力や鉄道、医療、金融などの社会インフラのシステムにおいてもソフトウェアが搭載されていて、人々の生活に欠かせないものになっています。

　ソフトウェアの利用者は、どんな環境でも正しく動き、どのように使っても不具合が無いことを当たり前と考えて使用しています。しかし、そのソフトウェアがひとたび不具合を起こし、意図した動作をおこなわなければどのように感じるでしょうか？ソフトウェアに不具合が発生すれば、経済的な損失、時間の浪費、信用の失墜が発生し、社会問題に発展しかねません。今や情報システムの不具合は社会問題といっても過言ではないでしょう。人々の生活を豊かにするソフトウェアは、高い品質があって初めて成り立つものだといえます。

ソフトウェアテストとは

　ソフトウェアテストとは、ソフトウェアの不具合の発生リスクを低減する技術です。不具合をなくすために、ユーザーのあらゆる使用パターンや条件を把握し、品質基準を作って、その基準をクリアするまで何度も確認をくり

返します。

　しかし、すべての条件・パターンを評価できるほど、人材やお金、時間はありません。ソフトウェアテストの現場では、限られた範囲の中で、抜け漏れのないテストを目指します。

　また、ソフトウェアテストでは、ソフトウェアの動作の妥当性も検証します。ただ仕様書に記載のある内容を確認するだけではなく、十分な品質を確認するために、あらゆる観点でテストをおこないます。そのため、テストを完了したソフトウェアは、「品質に問題はなく市場に投入しても不具合は出ない」と言える状態でなければなりません。

» ソフトウェアテストの課題

　ソフトウェア開発における最大のコスト要因はテストです。ソフトウェア開発工程は、要件定義→設計→コーディング→テストと分かれていますが、開発工程全体に占めるテストの割合は45％で、ほかの工程と比べて大きな割合になっています。なぜテストのコストが高いかというと、できあがったソフトウェアの品質が初めて判明するのがテスト工程だからです。

📍 開発全体のテストの割合

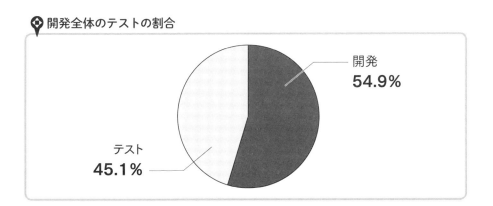

開発
54.9%

テスト
45.1%

ソフトウェア開発で起こっていた問題はテスト工程で明らかになり、その対応で膨大な工数が発生します。しかし、この膨張するテストの工数に対し、開発全体の観点からコスト削減圧力が高まっているのも事実です。この厳しい状況の中、現在のテスト現場では、働き方改革による労働時間の制限で、これまでのように無尽蔵の残業で乗り切るという対応ができなくなっています。

≫ テストが不十分になると負のサイクルに陥る

　このような状況では、十分なテストができないまま製品が市場に出てしまいます。もし市場で不具合が発生しまうと、社会的信用低下とその不具合対応で大きな工数が費やされてしまうことになります。この不具合の担当者は、現在の開発中の新しい製品とは別の製品の不具合対応も迫られ、開発中の製品にかけられる時間がなくなり、テストが不十分になってしまいます。この十分テストできなかった新しい製品がさらに市場不具合を出し、次の製品の開発工数を圧迫するという負のサイクルになってしまいます。

　また、上層部からのコスト削減圧力により、ギリギリの工数内でテストを計画してしまいがちです。少ないコストでテストをおこなう必要があるため、新規機能や変更機能を重点的に試験をおこない、これまでと変更のない機能に関しては浅く試験をおこなう計画になってしまいます。市場で出てくる不具合は、この浅く試験をした箇所から発生しがちです。

　現場では、市場で不具合が出てしまった後になって、「テストが弱いのはわかっていた」「予算があればやっていた」という声をよく聞きます。この負のサイクルを脱却する方法の1つに、自動テストがあります。

1-2

テストの種類を押さえる

　自動テストとはテストを自動化するものです。自動テストをしっかりおこなうためには、まずテスト技術を理解しなければ、意味がある自動テストにはなりません。テスト技術を理解し、効率良く自動化することで効果的なテストを実現しましょう。

ソフトウェアテスト工程での分類

　ウォーターフォールモデルでテストの工程別におこなうテストの種類は、次のとおりです。

📍 ウォーターフォールモデルの図

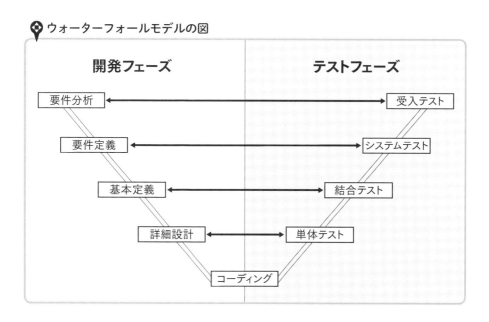

◆ウォーターフォールモデル開発におけるテストの種類

工程の種類	テストの種類
開発段階	単体テスト
	統合テスト
	システムテスト
顧客側の工程	受け入れテスト

≫ 単体テスト

コーディングの後に、担当プログラマーがおこなうのが一般的です。単体テストは、プログラムを構成する小さなユニットについて、そのユニット単位の機能の処理手順が正しく仕様書どおりに動作しているかを確認するテストです。モジュール単位でのテストのため、原因の特定が容易で妥当性の高いテストをおこなえます。

≫ 統合テスト

テスト機とその環境を使用し、プログラマーによる単体テスト後の機能を結合して、各機能間で連携・動作しているかを確認するテストです。統合テストでは、個々の機能を動作させるためのモジュールを組み合わせて、データの受け渡し、コードの記述様式、データを授受するタイミングなどが仕様書どおりに正しく連携・動作しているかを確認します。

≫ システムテスト

システム全体を対象におこなわれるテストです。結合テストが終わった段階でおこなわれます。開発者がおこなう最終テストであり、ここで不具合を出し切った後に、顧客への引き渡しや実環境での稼働開始へ移行します。

システムテストでは、実運用で不具合を出さないことを目的としてテストをおこないます。そのため、次のようなことを検証します。

- 実際の使用を想定した環境でソフトウェア全体が仕様書どおりにできているか
- 性能要件などを満たしているか
- 仕様書に記載されている機能だけでなく、異常系の動作確認や非機能に関する動作が適切か

また、システムの一部を確認するのではなく実環境を想定した環境でおこなうため、ハードウェアに関連する不具合も検出されます。このシステムテストで不具合を出し切ります。

》受け入れテスト

システム開発を外注して納品した際に、納品されたシステムが要求どおりの機能や性能を備えているかを確認するテストです。このテストは、システムの不具合を見つけることが目的ではありません。実運用ができるかどうかをシステム発注者が確認するテストです。

このテストはシステム開発の最終工程です。ここで問題が出なければ、システムの稼働がおこなわれます。

》アジャイル開発と自動テスト

アジャイル開発とは、agile ＝機敏、頭の回転の速いという意味のとおり、機敏にシステムを作り上げるソフトウェア開発手法です。アジャイル開発で

は、「要件定義→設計→開発→実装→テスト→運用」といった開発工程を小さい機能単位でくり返すのが特徴です。

　近年のソフトウェア開発では、技術の進歩が著しい IT 業界において、変化に対して開発するシステムも柔軟に対応していく必要がありました。これまでの開発に比べて開発期間が短く、仕様・要件変更にも柔軟に対応できて、これまでの開発手法と比較して、開発期間を大幅に短縮することができます。

≫ アジャイル開発のメリット

　アジャイル開発のメリットは、仕様・要求変更、不具合が発覚した際に戻る工数が少ないことです。

　ウォーターフォール開発では、基本設計などの根幹部分をしっかりと固めて開発をおこなうため、場合によっては手戻り工数が大きく、時間やコストが膨大になる可能性がありました。しかし、アジャイル開発の場合は、くり返し小さな単位で計画・設計・実装・テストをおこなうため、問題や変更が発生しても１つのサイクルを戻るだけで済むので、変更に発生する工数も少なく済みます。

　不具合の対応だけでなく、仕様・要求変更も少ない工数で対応できるため、ユーザーのニーズに応えることができます。

≫ アジャイル開発のデメリット

　ウォーターフォール開発と違って、計画段階で厳密な仕様を固めていないため、システムの全体像をつかみにくく、開発の方向性が当初の予定とずれやすいというデメリットがあります。機能をより良くしようと改善をくり返し、テストやフィードバックで変更・追加を加えていくことで、当初の計画からズレてしまうことがあります。

　また、ウォーターフォール開発の場合は、最初に厳密な仕様を固め設計を
おこない予算・開発スケジュールを決めます。そのためスケジュールが立て
やすく進捗度を把握することが容易です。しかし、アジャイル開発では計画
を詳細に立案しないため、スケジュールや進捗具合を把握しにくいというデ
メリットがあります。

» 自動テストへの適用

　アジャイル開発では小さいサイクルで変更をくり返すため、変更のたびに
影響がないか確認する必要があります。何度もくり返すテストのため、自動
化することが非常に有効です。仕様変更は頻繁におこなわれるため、仕様変
更が対応できるスクリプトにする必要があります。

1-3

ソフトウェアテストの4つの工程を押さえる

　ソフトウェアテスト工程には「テスト計画」「テスト設計」「テスト実施」「振り返り」の4つの工程があります。

》 1. テスト計画

　この工程では、どのようなテストをおこなうかを定義します。決める内容は以下のような項目です。

- テスト方針：テストの背景、目的など
- テスト実施範囲：テスト対象の機能一覧、非対象など
- テスト戦略：テストレベルの定義、テストアプローチ、テスト観点、テスト開始・完了基準など
- テストスケジュール：スケジュールと工数、テスト体制など
- 管理方法：不具合管理やQA管理など

》 テスト方針

　テスト方針では、テストの目的がバグ検出なのか、品質保証なのかなどを定義し、そのテストをおこなう背景なども定義します。

　方針を決める際にはテスト要求分析をおこないます。この分析では、テスト対象の情報以外に、以下のような情報も必要になります。

- 要求リスク（要求される品質に対するリスク）
- テスト技術リスク（テスト環境、テスト設計技術の活用に関するリスク）
- テスト実施技術リスク（実施メンバーの実施スキルに関するリスク）
- 管理スキルリスク（コストやスケジュールに関するリスク）

これらの情報を分析して、テストの網羅率や優先度を決めます。

»» テスト実施範囲

テストの対象にする機能を定義します。また、ソフトウェアのみでテストをおこなうのか、ハードウェアを含むのか、ほかのシステムとの連携も含むのかなど、どこまでテスト対象に含むのかを定義します。

»» テスト戦略

テストレベル（単体テスト、結合テスト、システムテストなどのテスト工程）、テスト技法、使用するテストツールなどを検討し、どのようにテストをおこなうのか、実施するテストの観点、テスト開始・終了基準などを定義します。

»» テストスケジュール

テストの計画、設計、実施、振り返りまでの工程をおこなう人数や期間をを定義します。テストに関連するテスト体制なども定義します。

»» 管理方法

不具合検出時の不具合の管理方法、仕様不明点やテスト実施不明点などテストに関連する課題管理の方法などを定義します。

2. テスト設計

この工程では、テスト計画で定義した内容をもとに、対象となる機能に対してどんなテストをどのような手段で実施するのかを具体的に設計します。最終的にはテストケースを作成することになります。定義するのは以下のような内容です。

- テスト観点の詳細化
- テスト対象の詳細化（機能細分化）
- 使用するテスト技法の検討と適用範囲
- テストするパターン
- テストの実施手順、期待結果、使用するデータ

テスト設計とは、テスト対象について書かれている仕様書や設計書から、テストケースをテスト計画に記載された内容に沿って抽出することです。抽出する際にはテスト対象機能とテスト技法、テスト観点、テストの手順、条件、期待結果などを具体的にします。

このテスト設計を通してテスト対象に対して目的に沿った有効なテストケースを作成します。

3. テスト実施

テスト設計時に作成したテストケースをもとにテストを実施します。実施時に検出した不具合は、不具合起票をおこないます。また、起票した不具合

が対策された後は、不具合票をもとに修正確認をおこないます。決定したテストの終了基準に合致すれば、テストは終了です。

≫ 4. 振り返り

　最後に、テスト工程の結果を要約し、結果にもとづいた評価をまとめます。テスト計画で策定したスケジュールに対して、どの程度差分が発生したか、その要因はなにかなどを確認し、テストプロセス全体の評価をおこないます。また、次の評価実施に向けて改善する内容があれば、記載しておきます。

1-4

自動テストに必要な6つのテスト技術

　すべてのテストを実施しすべての不具合を出すということは、コストの面から考えて不可能です。限られた工数の範囲で最大限の不具合を見つけるには、抜け漏れや重複なく必要な試験を効率良くおこなうテストをしなければいけません。ただ漠然と試験をするのではなく、基準を持って試験項目を作成して、項目数は工数内に収めます。そのためには、テスト技法を用いて項目数を減らしていくことが必要です。

　自動テストをおこなううえで、同じような試験や効果が薄いものを自動化して実施することは非効率です。また、後からテスト項目に修正が発生すると、スクリプトの修正も発生することになり、余計なコストがかかってしまうことになります。そのため、最初にしっかりとしたテストケースが必要になります。自動テストでは、自動化する前に抜け漏れのない有効なテスト項目を作成できていることが前提です。

　ここでは、6つのテストの意味と原理を正しく理解し、正しい技法を選択できるようになりましょう。特に自動テストを意味あるものにするためには、テスト技術に対する知識が必要です。

同値分割

　このテスト方法では、同値クラスの内部処理は同じであり、どの値を入力しても共通の出力結果を出すと考えます。入力する値を同じグループに分けて代表的な値を入力することで、網羅性を落とさずにバグを発見しき、テス

トの数を減らします。

　同値クラスは、おもにブラックボックステストでの内部処理の仕様にもとづいておこなわれる機能テストで用いられます。入力に対して出力が正しいか、もしくはエラー出力を検証するとき、「出力結果が同じと期待される入力の集合」を同じとみなせば、同値クラスを単位にテストをおこなえばよいということです。同値クラスが同じ結果を出力するとは断言できない場合もありますが、特別な仕様がなければ同一と考えることは問題ないと考えられます。

　かんたんな例として、定形外郵便（規格内）の重量別の料金のシステムを考えてみましょう。仕様は以下のようになっています。

- 50g 以内であれば 120 円
- 50g 以上 100g 以内は 140 円
- 100g 以上 150g 以内は 210 円

　この場合、全数のテストをおこなうとすると、150 回を超える試験が必要になってきます。しかし、同値クラスに分けて結果が変わらない範囲の代表値を決めて確認することで、以下の 4 つのパターンで確認が完了します。

- 50g 以内
- 50g 以上 100g 以内
- 100g 以上 150g 以内
- 150g 以上

50g 以内であれば、1g 〜 49g までの範囲で同値クラスの代表値を最低 1

つ決め、実施することで確認します。そうすることで、テストにかける工数を論理的に削減できます。

　この同値分割は、テストデータを無作為に抽出する場合に比べ、テストを省力化できます。特に意識せずに自然におこなっているテスト技法ですが、基本的なテストの考え方です。

》境界値分析

　境界値分析とは、同値分割で得られた同値クラスの境界や端、その近くに注目してテスト条件を考えるブラックボックステスト技法の1つです。同値クラスは「出力結果が変わらないグループの代表値を決めて確認する」のに対して、境界値分析は「出力結果が変わる境目付近を確認する」という違いがあります。

　境界値のそばにはバグが多く存在し、未知の境界や余分な境界が引き起こすバグも起こりやすいです。そのため、境界値分析を活用すると、より効果的にバグを見つけられます。

　たとえば、先ほどの例の「50g 以上 100g 以内は 140 円」であれば、「以上」という仕様が「＜」もしくは「≦」と、誤ってプログラムで記載されることが起こりやすいです。この確認パターンを洗い出すと、「50g 以上」を確認する場合は、49g、50g、51g の3パターンを確認することになります。

　同値クラスは同値クラスから任意の代表値を1つ選ぶが、境界値分析との併用では同値クラスの上限と下限から2つの値を選び出す場合があり、テストデータは増えます。しかし、同値分割だけでテストするよりもより効果があるので、同値クラスとセットで実施される場合が多いです。

≫ ディシジョンテーブル

　ディシジョンテーブルとは、決定表（JIS X 0125）1 として規格が定義されている表で、複数の判定条件の組み合わせと、それに対応する判定結果をまとめたものです。入力と出力の結果を抜け漏れなく網羅した表に洗い出すことで仕様が整理でき、試験項目の重複がなくなります。文章だけで表現するよりも、表として書き出すことでわかりやすいという利点もあります。

　たとえば、あるショッピングモールの駐車料金を考えてみます。お買上金額とクリニック利用で、以下のように駐車料金が変わるとします。

◆ショッピングモールの駐車料金表

お買上金額	無料サービス時間
3,000 円未満	＋1 時間無料
3,000 円以上のご利用	＋3 時間無料
5,000 円以上のご利用	＋5 時間無料
10,000 円以上のご利用	終日無料
クリニックのご利用	＋2 時間無料

≫ **条件記述部**（考慮すべき条件を列挙する部分）

　まず、すべての出力パターンを出します。

◆すべての出力パターン表

お買上金額	1	2	3	4	5	6	7	8
3,000 円未満	Y	N	N	N	Y	N	N	N
3,000 円以上のご利用	N	Y	N	N	N	Y	N	N
5,000 円以上のご利用	N	N	Y	N	N	N	Y	N
10,000 円以上のご利用	N	N	N	Y	N	N	N	Y
クリニックのご利用	N	N	N	N	Y	Y	Y	Y

》 **動作記述部**（考慮すべき結果）

この場合、買上金額とクリニックの利用有無に対してすべての結果を洗い出すことですべてのパターンを出します

- ＋1時間無料
- ＋3時間無料
- ＋5時間無料
- ＋6時間無料
- ＋7時間無料
- 終日無料

》 **動作指定部**（それぞれのパターンに対する結果）

次に、洗い出したパターンに対して、無料となる駐車時間を出します。その結果、以下の表のようになります。

◆すべての出力パターンと結果の表

お買上金額／無料時間	1	2	3	4	5	6	7	8
3,000 円未満	Y	N	N	N	Y	N	N	N
3,000 円以上のご利用	N	Y	N	N	N	Y	N	N
5,000 円以上のご利用	N	N	Y	N	N	N	Y	N
10,000 円以上のご利用	N	N	N	Y	N	N	N	Y
クリニックのご利用	N	N	N	N	Y	Y	Y	Y
＋1時間無料	Y	—	—	—	—	—	—	—
＋3時間無料	—	Y	—	—	Y	—	—	—
＋5時間無料	—	—	Y	—	—	—	—	—
＋6時間無料	—	—	—	—	—	Y	—	—
＋7時間無料	—	—	—	—	—	—	Y	—
終日無料	—	—	—	Y	—	—	—	Y

　表にして書き出すことで、すべてのパターンとその結果がわかりやすくなっています。

　このように、ディシジョンテーブルは、複数の条件が絡み合った組み合わせと結果を明確にすることができるメリットがあります。一方で、条件が多くなった場合には、パターン数が膨大になってしまうというデメリットがあります。

組合せ技法

　試験ですべての条件を組み合わせて実施することは、数が膨大になり非現実的です。どのようにすればテスト件数の爆発を招かずに、しかもテストの

質を落とさない組み合わせをテストできるかが大きな課題です。

　組合せ技法とは、条件の組み合わせを決める際に、抜け漏れ・重複がなく必要な条件を決めるための基準を設ける技法です。組み合わせによって、全網羅に比べてパターン数を減らします。

　組合せ技法には、直行表とオールペア法の2つがあります。ここではオールペア法を説明します。オールペア法は、ツールを使うことで容易にパターン数を洗い出せます。

　オールペア法とは、2個の因子の組（ペア）に注目して、全因子の組み合わせでなく、すべてのペアの組み合わせにテスト数を制限します。こうすることで一定の基準を設けられるので、全網羅に比べて組み合わせ数を減らせます。膨大になりがちな組み合わせのテストパターン数を大幅に削減することが可能になります。

　たとえば、PictMaster というツールでは、以下の画面のように因子と水準をまとめます。

📍 PictMaster の画面

PictMaster　　　　　　　　　　　　　　　　　　　v7.0.1J 64 2017/4/5

| 大項目No. | 大項目名 | | 作成日 | | 実行 | 分析 | 環境設定 |
| 小項目No. | 小項目名 | | 作成者 | | | | |

パラメータ	値の並び
職業	学生, サラリーマン, 自営業
血液型	A, B, O, AB
年収	300万以下, 300万～400万, 500万以上

Copyright (C) 2008-2017 Iwatsu System & Software Co.,Ltd. All rights Reserved.

制約表

パラメータ	制約1	制約2	制約3	制約4	制約5
職業	学生				
血液型					
年収	500万以上				

これを実行すると、以下の表のようになります。全網羅と比べることで大幅に項目数を削減できています。

◆組み合わせ表

No.	職業	血液型	年収
1	サラリーマン	A	300万〜400万
2	サラリーマン	AB	300万以下
3	サラリーマン	AB	500万以上
4	サラリーマン	B	300万〜400万
5	サラリーマン	O	300万以下
6	学生	A	500万以上
7	学生	AB	500万以上
8	学生	B	500万以上
9	学生	O	500万以上
10	自営業	A	300万以下
11	自営業	AB	300万〜400万
12	自営業	B	300万以下
13	自営業	B	500万以上
14	自営業	O	300万〜400万

このように、組合せ技法を用いることで全網羅に比べて大幅なパターン数の削減が可能になります。2項間を網羅することで、全網羅に比べて品質を理論的に保障できるわけではありませんが、全網羅の試験をおこなうことが現実的ではないため、オールペア法で実施することが現実的です。

1

状態遷移テスト

　仕様で定められている複数の状態とイベントを表で表現したものです。状態遷移図と状態遷移表の2つに分かれます。

状態遷移図

　状態遷移があるシステムの場合、必ず複数の状態を持っており、その状態がどのように遷移するのかを表現したものを状態遷移図といいます。システム全体がわかりやすく、仕様の抜け漏れがわかるというメリットがありますが、一方でシステムが大きいと逆にわかりにくいというデメリットもあります。

◆ 状態遷移図

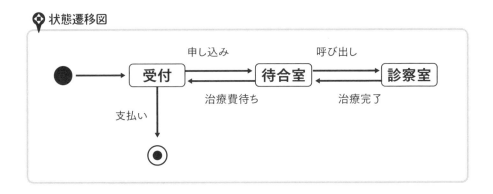

状態遷移表

　状態とイベントを表にしたものが状態遷移表です。状態遷移表は、状態とイベントを表で表現できるため、仕様をまとめやすく抜け漏れをなくすことができます。組み合わせに漏れ抜けを確認しやすく、無効なパスを見える化できるというメリットがありますが、一方で巨大になると表も大きくなりわ

かりにくいというデメリットもあります。使用する場合は注意が必要です。

◆状態遷移表

状態／イベント	申し込み	呼び出し	治療完了	治療費待ち	支払い
受付	呼び出し	N/A	N/A	N/A	終了
待合室	N/A	診察室	N/A	受付	N/A
診察室	N/A	N/A	待合室	N/A	N/A

▶ 回帰試験

　不具合の修正の結果、その影響範囲で不具合が出ることがあります。その修正箇所以外に、影響範囲以外で新たに不具合が出ていないか1度確認したテストを再度確認するテストのことを回帰試験といいます。大規模場なシステム開発では、システムとシステムが複雑に絡み合っており、一見影響が見れない変更でも、これまで正常に動いていた機能に影響し不具合が出ることがあります。このような不具合が出ることをデグレーション（デグレ）といいます。

　デグレは変更箇所のどこに潜んでいるか予想することはできないとすると、回帰試験の範囲はすべての機能ですべての試験項目を確認することになってしまいます。しかし、工数の面で現実的ではありません。そのため、実装されている機能を、広く浅く確認することになります。また、デグレが多い機能に関しては、確認する粒度を細かくして確認することも良いでしょう。

　回帰試験では何度も同じテストを実施するため、手動の試験ではリリースごとの実施は非効率です。テストを自動化することで、大きな工数をかけなくても、リリースごとに確認することが可能になります。

1-5

テストツールの種類

テストツールとは

　テストツールと一言でいっても、作業の効率化、ミス削減、情報整理の簡易化などさまざまなものが存在します。泥臭いテストを変える1つの手段はテストツールの導入です。テストツールを使うことで問題を変える可能性があります。

◆おもなテストツールの種類

ツールの種類	ツールの具体的な内容
テスト・テストウェアの マネジメント支援	テストマネジメントツール、アプリケーションライフサイクルマネジメントツール
	要件マネジメントツール （テスト対象へのトレーサビリティなど）
	欠陥マネジメントツール
	構成管理ツール（CVS、Subversion）
	継続的インテグレーション（CI）ツール
静的テストの支援	レビューを支援するツール
	静的解析ツール
テスト設計と テスト実装の支援	テスト設計ツール
	モデルベースドツール
	テストデータ準備ツール
	受け入れテスト駆動開発ツール、振る舞い駆動開発ツール
	テスト駆動開発ツール

	テスト実行ツール (リグレッションテストの実行など)
テスト実行と 結果記録の支援	カバレッジツール (要件カバレッジ、コードカバレッジなど)
	テストハーネス
	ユニットテストフレームワーク
性能計測と 動的解析の支援	性能テストツール
	モニタリングツール
	動的解析ツール
特定のテストに対する支援	データ品質の評価(データ変換や移行が正しく おこなわれているかを検証する)
	データのコンバージョンとマイグレーション
	使用性テスト
	アクセシビリティテスト
	ローカライゼーションテスト
	セキュリティテスト
	移植性テスト(複数のプラットフォームにまた がるソフトウェアなど)

❯ テストとテストウェアのマネジメント支援ツール

　テストの進捗管理、不具合管理などをおこなうツールです。テストの進行具合や不具合の残件を把握することが、テストマネジメントでは重要です。

　このツールを使うことで、テスト漏れ、重要な不具合の対策状況を正確に管理できます。同じことを Excel などでも管理できますが、Excel では管理するために人間の工数を多く使います。その点、このツールは工数を削減し、ミスを減らすことが可能になります。

静的テストの支援ツール

　静的テストとは、ソフトを動かさずに、レビューやプログラムのコーディング規約のチェック、ソースコード・メトリクス測定などから不具合を見つけるテストです。静的テストツールで代表的なツールは、静的解析ツールです。静的解析ツールは、通常の動的テストでは検出することが困難な不具合をコードの記載内容から検出します。

　また、遠隔でレビューをおこなう際に使用する電話なども静的テスト支援ツールに含まれます。

テスト設計とテスト実装の支援ツール

　テストケース作成を支援するツールとテストデータ作成を支援するツールです。ツールによっては、テストの設計と実装を支援するだけでなく、テスト実行や結果記録を支援したり、テスト実行や結果記録を支援するほかのツールに出力結果を提供したりすることができます。

　代表的なものでは、状態遷移図からテストケースを作成するものや、オールペアテストのテストケースとなる組み合わせを自動的に作成するツールなどがあります。

テスト実行と結果記録の支援ツール

　一般的に自動化ツールを言われるものです。マウスやキーボードの操作を記録、プログラミングすることで自動で動かすことができるツールです。

❯❯ 性能計測と動的解析の支援ツール

　性能テストとロードテストは実際のテスト環境では実行できないため、こ
れらのテスト活動では、性能計測と動的解析の支援ツールが必須です。

　この種類のツールには、ソフトウエア内部の状態を解析しタイミングに依
存するものや、メモリーリークなどソフトウェアを実行してわかる不具合を
見つける動的解析ツール、手動のテストでは実施困難な大きな負荷を与える
ツール、負荷を与えたときの応答時間測定やシステム・リソース・モニタリ
ング（監視）をおこなうツールが該当します。これらのテストは実施のテス
ト環境では実施が困難なため、シミュレータとしてツールを用いたテストが
必要になります。

❯❯ 特定のテストに対する支援ツール

　これまでに挙げた全般的なテストプロセスを支援するツールに加えて、特
定のテストの問題を支援するツールも存在します。組み込み系のシステムで
使用するシミュレータなどが含まれます。

第**2**章

自動テストの
正しい知識を身につける

2-1

自動テストとは

　システム開発における自動テストとは、テスト手順や結果判定をツールを使って自動で動かすテスト手法です。自動テストを導入することで、コストの削減が可能になります。また、単純作業のテストを自動化することで、人間は創造力が必要となるテストの集中できます。

　ツールでは、これまで手作業でおこなっていた以下のような作業を自動化できます。

- キーボードやマウスなど、パソコン画面の操作
- パソコン画面の文字、画像、設定値の判別
- Excel などのファイルのデータの読み込み／書き込み
- 複数アプリケーション間の連携
- 条件分岐による処理やエラー判定処理
- テストに必要なシステム／ツールの操作

　特に、くり返しおこなう単純作業や複雑な計算などは、一度スクリプトを作成するとミスなく何度でも実施することが可能です。

　しかし、自動テストは設計を誤ると、工数の削減どころか手動のテストより工数がかかってしまう場合があります。そのため、自動テストには何より設計が重要です。自動テストを成功させるには、何度も実施する必要性のある試験を厳選し自動化しなければなりません。

　ここでは、まず自動テストの目的と役割を正しく理解しましょう。

自動テストの目的と役割を押さえる

自動テストの目的と役割は、以下のとおりです。

- 目的：コスト削減と効率化
- 役割：デグレ確認（品質向上ではない）

まず、この 2 点を理解することが自動テストの出発点です。

テスト業務にかかわらず、「自動化」という単語は世の中にありふれているため、人によって独自の考えや経験を持っていることが多く、いざ自動テストをするとなると、それぞれの考えで進めてしまいがちです。その結果、誤った方向の自動テストをおこなうことになり、本来の目的を果たせずに失敗することになります。

自動テストとは、不具合を出し品質を上げるためのものではなく、デグレ確認の工数削減のためのテスト手法です。そのため、自動テストを実施するうえでは、自動で動いたことに満足するのではなく、どれだけ工数を削減できたかにこだわらなければなりません。自動化ツールを使って、長時間連続試験で不具合を出すこともできますが、そこを自動テストの目的にしてしまうと本質がずれてしまいます。自動テストの本質をとらえて設計を進めなければなりません。

現場の失敗例 自動化する目的を誤ってしまった

自動化の導入に失敗している要因の多くは、自動化することが目的になっ

ていることです。上層部からコスト削減のため「自動テストを導入せよ」と依頼を受け、失敗したくない気持ちから、自動化しやすい箇所を自動化をすることを目標にしてしまいがちです。

　また、自動で動いていることに達成感を得て、自動で動けば工数削減していると勘違いしてしまうこともあります。そうなると、自動化すること自体が目標になってしまいます。自動化するためのスクリプト作成にはある程度の工数がかかるため、そもそもテストを実施する回数が少なければ、工数は削減できません。ただやみくもに自動化すれば工数が削減できるわけではないのです。

　自動化の本来の目的は「コスト削減と効率化」です。その効果は運用の段階になってから現れます。多くの場合、自動化したテストを5回以上実施しなければ、自動化にかけた工数を取り返すだけの工数削減となりません。そのため、コスト削減という目的を果たすためには、最低でも計画段階で5回以上のテストを計画している必要があります。

　ただ、5回以上の試験を必要とする評価案件は、そうそうありません。いざ自動化をしても、ほとんどの場合は1回もしくは2回実施するのみで自動テストの運用が終わってしまうことがあります。

　評価計画を確認し、試験を何度実施し、どれだけ工数が削減できるかを把握したうえで、自動化の導入を決める必要があります。失敗しないためには、優先度の高い試験項目を最低5回以上は自動化で実施するという計画を立てましょう。可能であれば10回、20回と実施できるような試験を探して自動化できれば、より大きな工数削減につながるでしょう。

自動テストの役割を誤ってしまった

現場の
失敗例

自動テストで品質を上げること（不具合を出すこと）を目的にしてしまうと失敗します。

実際に失敗した現場では、自動テストで不具合を出す方針で自動化スクリプトを作成した例がありました。不具合自体はスクリプトを作成している際にも検出されていましたが、自動テストを実行した際には不具合は検出されず、数回スクリプトを実行しただけで、自動テストを実行する意味がなくなってしまいました。結局、スクリプト作成の工数を取り戻すほど実行回数を重ねることが無く、工数削減とはなりませんでした。

これは、自動化するべき箇所をまちがってしまった典型的な例です。自動テストの役割は、不具合出しではなくデグレ確認です。デグレの確認のために自動テストを導入しなければなりません。

不具合出しには、発想力や創造力が豊かな人間での試験が有効です。自動化するテストは、スクリプトに書かれた同じ試験をくり返すことしかできないため、人間ならだれでもわかる不具合があっても、自動テストでは命令した動作以外に不具合を検出できません。そのため、自動テストだけで試験完了し品質に問題ないと結論づけることはできません。人間でおこなう試験を省くことはできないのです。

自動テストでは、期待結果が決められた何度も実施する試験をおこない、人間の手動テストでは、創造力が必要な不具合を出す試験をおこなうという棲み分けが重要です。デグレ確認のためにおこなう試験を自動化するような試験計画を練らなければなりません。

自動化をするべき箇所に迷ったときは、ここで挙げた役割と目的をもとに

テストを切り分けましょう。無理やり自動化するのではなく、必要なければ「自動化しない」というのも重要な決断です。

現場ではなぜ自動テストが根付かないのか

自動テストはよく失敗します。自動テストが現場で根付かない大きな理由は、自動テストの進め方、設計方針を正しく理解していない状態で進めていくことにあります。自動テストに関する書籍やサイトはあるものの、ツールに限定した記載だったり、くわしく自動テストのプロセスの説明があるものはありません。また、自動で動いていると成功したように感じてしまう点も自動テストの成功を困難にしているところです。

人によっては、失敗の要因を振り返って改善せず、1回の失敗で「自動テストは無駄だ。非効率だ！」と決めてつけてしまいます。そのような印象も、自動テストの難易度のハードルを上げてしまう要因になっています。

工数削減の先にある自動テストの効果

自動テストをおこなうことで、試験実施の工数が削減できます。しかし、自動テストとおこなうと、工数削減とは別の部分で、以下のような効果も現れます。

≫ 自動化で削減できた工数分でシステムの品質を上げる

どこの現場でも完璧なテストをおこなうことが理想でしょう。しかし、予算の都合上、完璧な試験はできません。現実は、試験項目に優先順位をつけて、新機能／変更機能を重点的に試験を実施し、変更のない機能は浅めの試

験をおこないます。

　しかし、市場で発生する不具合は、その十分に試験できなかった「優先度の低い浅く試験した機能」から出てしまいます。後になって、「しっかり試験すればよかった」と後悔してしまうのです。

　自動テストの本当の効果は、この点の解決です。これまで人間が実施していた試験を自動化することで、工数の削減ができます。そして、その削減した工数でこれまでやりきれなかった試験を実施できます。自動テストで削減した工数を使うことで、評価メンバーの数を変えなくても追加の評価ができ、システムの品質を上げることが可能になります。

　自動化することでテストの工数が必要なくなったので、人がいらなくなってしまうなんてことは、ほとんどありません。人間の作業力を創造力が試験に割り当て、現行メンバーで最大限の品質を作り上げることが、自動テストの最終目標です。そうすることで、同じコストで全体的に品質を上げることができます。

≫ チームメンバー全体でテストの効率化の意識を高められる

　テストを自動化することで、これまでテストメンバーになかった工数削減の意識が生まれます。工数削減は自動化だけで実現するものではありません。試験環境の改善、不要な試験項目の削除、効率の良い不具合検出などやるべきことはたくさんあります。

　テスト実施のことを最も理解しているのは、何より現場で働いている実施メンバーです。テスト管理者は自動化だけで工数を削減するのではなく、実施メンバーと一緒になって改善できることを探していくと良い案が出てくるでしょう。

工数削減を自動化担当者以外考えない

　自動化すれば工数削減できるという考えがチームに広がってしまうと、「自動化できるならテスト実施メンバーは工数削減努力をしなくてもよいのでは」という考えを持ってしまいがちです。そのため、自動テストではどのように工数削減するのかをメンバーに説明し、実施メンバーで工数削減できる作業はないか検討してもらわなければなりません。自動テストは、あくまで工数削減する1つの手段です。工数削減はチーム全体でおこなわなければなりません。

　自動テスト担当者以外のメンバーが工数削減を考えるということは、みんなで自動テストになりうる項目を探すことではありません。テスト実施メンバーでやるべきことは、以下のように多くあります。

- 試験実施で必要な作業はないか
- 同じようなテストケースが複数あるので1つにまとめられないか
- 試験実施前に必要な機材、不明な実施手順などはないか
- 不具合起票のミスを減らすにはどうすればよいか
- 事前にシステム仕様理解しておく　など

　メンバーのなかには、テストを実施しながら非効率と考えている作業があるでしょう。それを改善し、少しでも効率的なテストができるように、テストメンバー全体で考える必要があるでしょう。

2-2

自動テストに必要な3つの技術

自動テストには、以下の3つの技術が必要です。

- 開発技術
- テスト技術
- 自動化の技術

どれか1つでも欠けては、自動テストはうまくいきません。バランスよく3つの技術を理解したうえで自動化を進める必要があります。

》開発技術

自動テストではスクリプトを作成します。そのため、プログラム作成技術が必要です。ほとんどの場合、自動化ツールによって使うプログラム言語が違うため、言語を複数使える必要があります。

プログラム言語には、VBA、Java、JavaScript、VBScript、ツール独自の言語などがあります。ツールによって言語は違っても、自動テストで使う動作はほとんど同じです。1つのツールを習得できれば、言語ごとに書き換えるだけなので、あまり難しいものではありません。

キーワード駆動型ツールなど、プログラム作成技術を必要としないツールもありますが、自動化する自由度が低く実践向きではないので、検討候補から外しましょう。プログラム作成が必要な自動化ツールであれば、自動化で

きる範囲が広がり、自動テストの項目が増えます。1度プログラムを使った自動化ツールを使うと、キーワード駆動型ツールはもう使えないと感じるでしょう。

❯❯ テスト技術

テストを自動化するうえで最も重要なのは、テスト技術です。自動化するテストが意味のあるものでなければ、自動化しても効果はありません。自動テストする項目は何度も実施する必要のあるものですが、そのようなテスト項目を自動化する前に作っておく必要があります。

自動化するには、そのテスト項目をもとにスクリプトを作成するため、前提条件、実施手順、期待結果などをしっかりと記載したものが定義されている必要があります。また、テスト計画がしっかりと練られていて、試験の回数なども計画されていることが、自動テストの導入を検討する際に重要です。導入前にしっかりとしたテスト計画・テスト設計がない場合は、テスト工程を見直しましょう。

また、自動テストを導入する際には、どこを自動化するべきかテスト全体を見直す必要があります。自動化部分を何十回も実施するようなテスト計画にしなければならないため、テスト技術だけでなくテストマネジメントの技術も必要になります。

現場の失敗例 テストケースの手順、条件、期待結果が明確に記載されていない

自動テストで試験を実行する場合、スクリプトで実施手順や期待結果を明確にしなければなりません。手動でおこなうテストであれば、あいまいに表

現されている試験項目も実施者が考えて実施することが可能ですが、自動化した場合には、より細かいテストケースが必要になります。手動での実施では問題にならなかったテストケースでも、自動化する際に修正が必要になる場合もあります。

スクリプトを作成するためには、実施手順、事前条件、期待結果などが具体的な設定値で記載されていなければなりません。これらがしっかりと記載されているテストケースは少なく、そのまま自動化を進めたために実装ミスが起こる場合もあります。

自動化するテストでは、テストケースの見直しが必要です。ほとんどの場合、人間でおこなう試験では問題にならないことも、自動化する際には問題になります。

自動化の技術

自動化の技術とは、以下の2つを正しく判断する技術です。

- どこを自動化すれば効率が良いか
- それを実現するためにはどのツールを使えばよいか

この判断を誤ると、テストがかえって非効率になり、「自動化＝無駄」となってしまいます。自動化の検討段階で、回帰試験の何回目でどれぐらいの工数削減が可能になるかなど自動化の効果がわかるようにしておかなければなりません。

自動テストの場合、どれだけ工数が削減されたかが重要です。計画段階でしっかりとしたプロセスを固めてリスクを把握しておかなければ、手戻り工

数が発生し、工数の削減どころか増加になりかねません。

　自動化の技術は、自動テストの運用時に身につくことが多いです。なぜなら、運用時に何度も実施するテスト項目の価値を確認できるからです。何度も実施する試験がなにか、運用時に気づくことが多いでしょう。また、仕様変更などによるスクリプトの修正についても、どうすれば修正工数を減らせるか、運用を重ねることでわかります。

　自動テストはスクリプト作成に注目されがちですが、運用の経験をしっかりと身につけ、自動化の技術をスキルを高めていかなければなりません。

現場の失敗例　テストの技術がない開発担当者が自動化する

　開発経験者が自動化する場合、テストの経験・知識がないため自動化に失敗してしまいがちです。しっかりと設計され観点が明確になっているテストケースがわからないまま自動化を進めてしまうと、自動化することが自体が目的になってしまうことがよくあります。

　このような失敗が起こる要因は、スクリプト技術を持っているほとんどが開発者であることが多いからでしょう。これを防ぐためには、スクリプト技術をテスト担当者が身につけ自動化を担当したり、しっかりとしたテストケースをテスト担当者が用意するのがよいでしょう。開発担当者が「元のテストケースが自動テストするに適しているレベルなのか」を判断するのは、難しいと考えられます。

現場の失敗例　自動テストの運用経験がない

　自動テストを成功させるには、自動テストの運用経験が重要です。自動テ

ストのスクリプト作成経験も重要ですが、最も重要なのは運用経験です。

　作成したスクリプトを何度も実行していると、以下のような問題が発生します。

- ✦ 実行する価値を感じないテストが発覚する
- ✦ スクリプトのメンテナンス効率が悪い
- ✦ スクリプトが実行するたびに止まってしまう
- ✦ 実行した自動テストの結果確認に工数がかかっている　など

　これらの運用時の問題を回避するには、自動テストの設計が重要です。そのスキルを高めるためには、自動化の実行する運用経験を積むとよいでしょう。

　スクリプトを作成しただけで、自動テストができたと思っていては不十分です。運用をしっかりと考えることができて初めて自動テストの担当者と言えると思います。それほど自動テストの問題は運用の段階になって出てきます。運用で問題を出さないための自動化の計画・設計ができるようになれば良いでしょう。

2-3

現場で自動テストが失敗する理由を考える

　自動テストの現場では、9割が失敗すると言われています。自動テストとはただ自動で動かすテストではありません。自動テストとは何かをしっかりと理解したうえで計画を検討しなければ、手戻り工数が多くなり、工数削減どころか工数が増えてしまいます。

　ここでは、現場で自動テストが失敗してしまう理由をいくつか考えていきます。

》 自動テストで誤りがちな2つの認識

　まず、自動テストについての誤りがちな認識について、現場で実際にあったものを取り上げます。

》 自動化すればテスト工数が激減する

　ある現場では、「すべてのテスト項目を自動で実施し、人間は結果確認のみ」という考える人がいました。しかし、そのようなことはまずありません。

　自動テストの範囲は、テスト項目全体の30%程度が現実的です。スクリプトを作成してまで何度も確認する必要のある試験は多くないからです。

　自動テストの進めるときは、デグレ確認など、自動化するべき項目と不具合検出など人間でやるべき項目を切り分けてテストをおこないます。そのため、テスト工数が激減することもなく、劇的に品質が向上することもありません。また、人間の手を動かす試験がなくなるわけではありません。

このような自動テストによる工数の削減幅を、自動化を導入する前に上層部に説明しておかなければ、自動化実装後にトラブルになりかねません。自動テスト開始前にテスト計画を作成し、1 回のテストで手動のテストに比べてどの程度工数が削減できるかを示し、自動化した場合に何度目の実施で効果が現れるかを示す必要があります。

≫ 自動化することで品質が劇的に向上する

そもそも自動テストは、品質を上げるものではありません。デグレの確認を自動でおこなうものです。

自動テストでは作成したスクリプトを何度も実行するため、同じ試験を実施するだけになります。そのため、自動テストの目的はデグレの確認になります。

品質を上げていく自動テストを目的とした場合、テストを自動化することは可能ですが、そのようなテストは何度も実施する必要がありません。自動テストで工数削減に至らず、自動テストの運用自体がなくなります。

品質を上げる場合、何度も同じ試験を実施するのではなく、人間によるランダム試験や弱点に絞り込んだ試験をおこなうべきです。このような試験は、自動でおこなうものではありません。

テスト全体を成功させるには、人間系の試験で品質を上げる試験をおこない、自動テストでデグレ確認をおこなうような試験プロセスにしなければなりません。

現場の失敗例 自動テストをおこなうための何度も実施する試験が無い

実際に現場で、先ほどのような要素を押さえていないツールが開発され、

テストは自動化できるものの、工数を削減できなかったという例がありました。自動化することに集中するあまり、テスト工程に対する理解が足らなかったのです。たとえば、製品のテストでは回帰試験が必要ないことも把握できていませんでした。試験は1巡実施するだけなので、自動化するためのコストだけがかかってしまい、自動化でテストの効率化とはなりませんでした。

　ツールの開発にはテスト工程を理解し、評価プロセスを考慮したうえで工数削減できるツールになるように、評価側の要求を取り入れる必要があります。自動テストを理解したテスト技術者が開発に積極的に参加しなければなりません。

現場の失敗例　時間が無いから自動テストを導入できない

　現場で自動テストに踏み出せないパターンです。自動テストを導入しようとする場合、現状の作業を持ったテスト技術者に自動テストをチャレンジさせるのは、リスクが高くなります。特に、自動テストが何かわからない状況からのスタートとなると、非常に厳しくなります。

　自動テストを成功するためには、自動テスト専門チームを作る必要があります。数人で小さく始めて、徐々に広げていくような進め方が良いです。そのためには、専門チームを作り、少しずつテストを改善していきながら、自動化の範囲を広げていくべきです。

　実際の現場の失敗例では、各チームに自動テストを導入させて試させていました。試験的に自動テストをおこなうものの、導入には時間がかかるため、作業が忙しいメンバーは徐々に自動テストの作業をおこなわなくなりました。結果的に失敗してしまったのです。

この現場の例では、その後自動テストの専門チームを作り、そのチームだけが自動テストを進めていきました。徐々に自動化の範囲を広げていくことで、チーム全体に自動テストを導入できました。

自動テストが失敗する 5 つの要因を押さえる

ここでは、実際にあった自動テストの導入の失敗事例を挙げていきます。特に失敗しがちな要因は以下の 5 つです。

- 自動化する切り分け基準があいまい
- ツールの選定をまちがえた
- 仕様変更などで発生するメンテナンス工数を考えていない
- 自動化することが目的となっていた
- 担当者にテスト技術が無かった

自動化する切り分け基準があいまい

特によくある失敗がこの要因です。

自動化導入時に根拠なくツールを選んだ場合、自動化する項目について、どこが自動化できるかという観点のみで切り分けてしまいがちです。自動化のスキルがないため、「とりあえず自動化できる項目を自動化していく」という方針になりがちです。結果として、自動化したテスト項目は何度も実行する必要性がなく、せっかく自動化したテストを実施する回数が少なくなって、工数を削減できずに失敗してしまいます。

このような場合、スクリプトをある程度作成してから失敗とわかることが多く、修正するにも大きな工数が発生し、非常に無駄な工数が発生します。

また、自動化の実装には多くの工数が発生するため、優先度の低い項目を自動化すると、自動化のコストが無駄になってしまいます。

自動テストを成功させるには、次のように進めていく必要があります。

- まず自動化するべき箇所を決める
- それを実現できるツールを検証して選ぶ
- 最も自動化するべき箇所からスクリプトを作成する

最初は誰でも自動化のスキルはありません。そのため、小さく始めてリスクを極力抑えましょう。ある程度リスクが把握できてから、自動化の範囲を広げていくようにしてください。

自動化できるところをすべてを自動化してしまった場合、仕様変更が発生しメンテナンスが必要となった場合に、すべてのスクリプトを修正する工数が多くかかり、手が回らなくなって自動テストの運用が破たんします。

自動化できる項目を切り分けるときには、「優先して自動化するべき項目は何か」という基準を持つことが重要です。何度も試験する必要のない項目を自動化しても、工数の無駄です。

≫ ツールの選定をまちがえた

ツールの選定で失敗するとすべてが無駄になってしまいます。ある程度自動化の実装を進めた後に重要な機能が自動化できないことが判明し、ツールを選び直すことになると、すべての実装を1からやり直す必要があるからです。効率化を目的とした自動テストでは、工数が無駄になることは致命的です。そのため、ツールは細心の注意を払って選ぶ必要があります。くわしくは2-4節で説明します。

≫ 仕様変更などで発生するメンテナンス工数を考えていない

　自動化するスクリプトは、1度作成して終わりではありません。仕様変更やスクリプトの機能追加など、後からスクリプトの変更が入る場合が必ずあります。そういった可能性をよく考えたうえでスクリプトを作成する必要があります。たとえば、スクリプトに共通関数を盛り込むなどして、メンテナンスが発生した際に最低限の工数で対応できるようにしておきます。

≫ 自動化することが目的となっていた

　自動化ツールを使うと、自動で動くテストの振る舞いに感動してしまい、一見成功しているような印象を受けてしまいます。しかし、自動で動いていても、その試験が必要ないものであれば、動かすだけ工数の無駄となってしまいます。自動化する項目をよく考えて検討していきましょう。あくまで、自動化は工数削減をおこなうためのものです。

　自動で動くだけでは、工数削減になりません。実施する必要のある試験項目を抜き出し、自動化する前に手動と自動での工数の比較し、試験何回目で自動テストのほうがトータル工数が少なくなるか確認してください。

≫ 担当者にテスト技術が無かった

　開発主導で自動化を導入した場合にありがちな失敗です。自動化を盛り込む際には、テスト計画や設計を練りこみ、試験項目には前提条件、手順、期待結果などを定義して、スクリプト作成できるようにしておく必要があります。

　有効な試験を自動化することが自動化の目的なので、意味ある有効な試験項目をテスト技術によって作り出すことが重要になります。

2

自動テストの正しい知識を身につける

2-4

失敗しないために押さえておくべきポイント

　具体的なテスト自動化プロセスを学ぶ前に、自動テストに失敗しないためのポイントを押さえておきましょう。

▶ 自動化に向くテスト

　自動化に向くテストは、作成したスクリプトを何度も実施するだけの試験です。具体的には、以下のような試験に集約されるでしょう。

- 組合せ試験など膨大な数のパターンをくり返す試験
- 回帰試験など何度も実施する試験
- 複雑さや正確性が必要なテスト手順を要する試験
- 何度も実施する必要のある優先度の高い試験

　自動テストでおこなう試験は、スクリプトに記載された期待結果の確認しかできません。そのため、同じ試験を何度もおこなう試験が自動化に向いています。また、人間では高いスキルが必要な複雑な試験なども、スクリプトを作成してしまえば何度も実施可能なため、有効になります。

　組合せ試験は、数百項目程度の実施であればなんとか人間で実施できるでしょう。しかし、数千項目となってしまうと、人間では手順や結果確認のミスが発生してしまう可能性が大きくなります。ツールで実施するだけであれば、何時間連続で実施してもミスがないので、非常に有効です。

自動化に向かないテスト

　自動テストに向いていないテストを自動化しても非効率です。自動テストに向いていないテストは、人間系で実施を進める必要があります。具体的には、以下のような試験です。

- ランダム試験
- ユーザビリティ試験
- 実施するたびに結果が変わる試験
- 仕様変更が多い機能の試験
- 何度も実施する必要のない優先度の低い試験
- 不具合出しを目的とした意地悪試験

　自動化に向かないテストは、かんたんにいえば、スクリプトを作成しても修正が頻繁に発生したり、人間の創造力が必要とされるような試験です。また、何度も試験する必要のない優先度の低い試験も、そもそも実施する機会が少ないので、自動化の工数が無駄になってしまいます。

自動テストと手動テストのメリット/デメリットを押さえる

　自動テストでは、テストスクリプトに記載された期待結果とテスト対象の実際の値が合致するか確認し不具合を検出します。しかし、スクリプトに記載されていない箇所は確認をおこないません。

　人間であれば、試験項目以外での不具合も気づくことができます。その点

は人間のテストの強みです。自動テストのメリットとデメリットを十分に理解し、それを踏まえたうえで自動テストの導入をおこなわなければなりません。

ここでは自動テストと手動テストそれぞれのメリット／デメリットを押さえておきましょう。

手動テストのメリット

- テスト対象に対してさまざまな条件・視点でテストをおこない、不具合を検出できる
- 実施している試験方針以外でおかしな挙動があれば確認し、不具合を見つけられる
- 用意した試験手順や期待結果がまちがっていても、確認し方向修正できる

手動テストのデメリット

- テスト実施自体の工数が発生する
- 長時間連続で作業が続けられない
- 人間の作業のためエラーが発生する

自動テストのメリット

- 何時間でも連続で試験ができる
- 1度スクリプトを作成すれば工数をかけずに試験がおこなえる
- 同じ単純作業を連続で実施してもミスがない

自動テストのデメリット

- スクリプト作成には手動のテストの 3 倍程度工数がかかる
- 仕様変更などが発生した場合に修正工数が発生する
- 自動化そのものが失敗しやすい
- スクリプトで指定した動作以外は確認できず不具合があっても気づけない

▶ ツール選定の方針

　自動化で何より難しいのは、ツール選びです。自動化できるかどうかの判断ではなく、試験方針に合致したかどうかの判断基準で選ぶことが重要です。

　まず、ツールを選ぶ前にやるべきことは「どのような自動化をしたいか」としっかりとした方針を持つことです。方針を立てたあと、それを実現するにはどのツールを使うべきか検証をおこないます。

　自動化ツールの数は非常に多いため、どれを選んでよいか悩みます。ですが、1 度しっかりとした自動化ツールを選ぶことができれば、次回自動化する場合もそのツールになる場合が多いです。自動化ツールは多いものの、現場で使えるツールはその内の数パーセントです。

現場の失敗例 使えると考えた自動化ツールを全体に展開する

　プロジェクト全体で自動テストを導入する際に発生する失敗です。自動テストできると考えたツールを各チームに展開し、各チームそれぞれで自動テストをおこない、工数を削減するよう指令が出ていました。

一見すると成功するように見えますが、自動化する箇所やツールの使い方の検討に時間がかかり、結局自動テストは根付きませんでした。また、それぞれのチームが自動テストすることで、同じような試験の実装がたくさんでき上がり、作成工数が大きく膨れ上がって、かえって非効率になっていました。

　実際にあった現場では、ツールをばらまいたのはいいものの、自動テストのルールの共有や作業ルールがなく、自動テストをする強制力もなく、自動テストをしたいチームだけが自動化に取り組むといった状況でした。そのため、自動テストに興味はあるものの、目の前の作業で忙しいチームが多く、自動テストは広まることはありませんでした。

　この場合、それぞれのチームが自動テストをおこなうのではなく、自動テストの理解のある少数の自動テスト担当チームを作ることが必要でした。小さく始めて自動テストが必要な箇所を特定し、リスクを理解しながら実装していくことが自動テストに必要です。

　全体に自動化ツールを展開しても、現場の混乱を招くだけです。自動テストには導入コストが大きく、自動化しなくても良いなら、そのほうがコストはかかりません。

　自動テストは、ほかの作業をしながらできる作業ではありません。「とりあえず自動化ツールができたから、使ってみて」というような方法では、工数削減にはなりません。自動テストで大事なのはツールではなく、自動テストのプロセスです。どのように自動テストするかが重要です。

　今回のような失敗は、自動テストが何かわかっていないトップが「何とかなるかも」「誰かが有効な使い方を見つけてくれる」と思ってやりがちです。

≫ 自動化ツールを自作する

　業務系のシステムに比べて、組み込み系の自動テストは難易度が高くなります。

　大きな違いは、自動化ツールです。業務系システムは、使える自動化ツールに種類があるため困ることはありませんが、組み込み系で必要なテストは、評価対象が PC の中で完結せず、専用ディスプレイなどで実施結果が表示されるためです。実際、自動化に適した良いツールが見つからないケースがほとんどです。自動化したい機能を十分に自動化できるツールが無ければ、自動化が制限されてしまいます。十分なものがなければ、思い切って自動化しないほうが良いでしょう。

　システムに適した自動化ツールが無い場合は、自作するしかありません。自作は開発者が担当するケースが多いです。

　自動化ツールを自作する場合、自動で試験手順を動かすことに注力するあまり、試験工数が削減できるものになっていないことがあります。開発者の多くは、評価でどのように使うかまで意識が回らないからです。

　自動化ツールを自作する際には、評価担当者も作成に関わり、工数削減ができる自動化ツールになるように意見を出していく必要があります。

≫ 自動テストに必要な機能

　自動化ツールを自作する場合は、以下のような要素を押さえているか確認しましょう。

- 自動化するべきテストを自動化ができるか（何を自動化したいか明確に

しておく）

- 初期化処理できるか（複数のスクリプトを自動化する場合に、前のスクリプトの状態を引き継がないために初期処理をする）
- 期待結果を自動で確認できるか（期待結果の確認をツールで OK ／ NG がつけれられるか）
- 処理の共通化できるか（共通化でスクリプト作成・メンテナンスの工数削減）
- プログラムでスクリプトを作成できるか（細かい処理も自動化できるか）
- 確認結果の Excel ファイル出力ができるか（結果確認方法がログでは時間がかかる）

　工数を削減できる自動化ツールにするためには、以上のような要素が必要です。評価担当者も、自分たちがおこなうべき自動化は何なのか、どのようなツールが必要なのかをイメージしておきましょう。開発者に自動テストのことを理解してもらうのは難しいかもしれません。

　また、回帰試験や仕様変更があまりない場合にも、派生機種の開発などが発生する場合があります。別機種にも対応できるような設計も視野に入れておくと良いでしょう。

現場の失敗例　自動テストを理解せずツールを作成してしまった

　開発側で自動化ツールを開発する際、評価担当者も開発に入ったにもかかわらず失敗した例です。

　評価担当者が自動テストを理解しておらず、自動テストの導入が進まない理由を「スクリプト作成が評価担当者には難しいから」としていました。そ

のため、操作や確認内容をかんたんに入力することで自動化できる「プログラムを使わない自動化ツール」でシナリオを作成し、自動テストのハードルを下げることを目的とした自動化ツールが開発されました。

結果、かんたんな操作で自動化できるようになったものの、そもそもかんたんな操作しか自動化できないツールとなってしまい、現場で使えないものとなってしまいました。

そのツールを使った自動テストでは、ソフトリリース時の受入試験のかんたんな項目の自動化、しかも自動化できる項目のみ自動化するという運用になっていました。目的とした工数削減も自動化の項目数が少ないためそれほど効果がなく、導入コストがかかったのみで、結局非効率だったのです。

致命的だったのは、自動化を理解していない評価担当者が開発に参加していたため、仕様変更への対応も把握できておらず、仕様変更が発生したらすべてのシナリオを修正する必要が発生したことです。仕様変更が発生するとメンテナンス工数が発生し、逆に工数がかかってしまうという状態でした。

この場合、自動テストを正しく理解した技術者が、実運用を正しく要求化しツールに反映させる必要がありました。

自動テストの導入が進まない理由は、「スクリプト作成が難しい」ではなく、「評価担当者が自動テストの設計を理解できていない」ということです。プログラム言語で作成するスクリプトを用いた自動テストでは、細かい操作も自動化でき、仕様変更に対する対応も可能で自動化する対象範囲が広がります。そのため、自動化にはスクリプトが必要です。スクリプト作成の難易度はそれほど高いものではなく、勉強すればかんたんに習得できるものです。

　自動化ツールを作成する場合、開発者が主導でおこなうことが多く、自動テストの理解がない状態で進めがちです。そのような場合に、対象システムを自動で動かせるか動かせないかに注目しがちで、自動で手順を実行できるが結果確認ができないということになってしまいます。工数を削減できる自動化ツールにするには、結果の確認も含めて、最初から最後までを自動でおこなわなければなりません。

　この自動結果確認は、1つのログを確認するだけであればかんたんかもしれませんが、Webとの通信、別システムのログ、ブラウザに表示される結果の確認をおこなう場合には、かんたんにはできません。

　ここでは、自動で結果確認を別のツールで補う方法を説明します。

　この自動化ツールに別の自動化ツールを組み合わせて、手順と結果確認まですべてを自動化する方法があります。

　本来であれば1つのツールで自動化できれば良いですが、組み込み系であれば、特殊な信号を送るなどハード面に特別な操作が必要な場合が多く、自動化ツールも特殊なものになります。そのため、1つのツールは特殊な操作が自動でできるツール、もう1つはその自動化ツールを操作し実行指示と結果確認をおこなうツールを用意します。

　まず、自動で試験手順を実行できる自動化ツールのスクリプトを作成しておきます。そして、別のツールでデータ駆動型の自動化手法を使い、自動化ツールを操作し順次スクリプトを実行し結果確認をおこないます。

　実行するスクリプトと期待結果は、テスト実行ファイルにまとめます。そのファイルから実行する自動化ツールのスクリプトと期待結果を1件ずつ取

得し、レコードが無くなるまでくり返し実行する方法です。

Autoit というツールを用いた場合、自動結果の処理の概要は、以下のよう
になります。

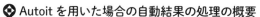
Autoit を用いた場合の自動結果の処理の概要

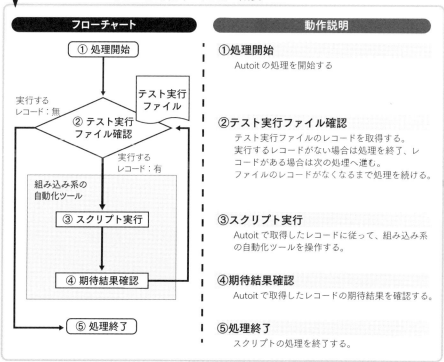

テスト実行ファイルは、以下のようにデータ駆動型で実行します。1 レ
コードずつスクリプトを呼び出して実行し、期待結果に合致するか確認し、
実施結果をテスト実行ファイルに記載します。

⊕ テスト実行ファイルの詳細処理

テスト実行ファイル

No	実行するスクリプト	期待結果	結果
1	テストスクリプト1	期待結果1	OK
2	テストスクリプト2	期待結果2	OK
3	テストスクリプト3	期待結果3	
4	テストスクリプト4	期待結果4	
5	テストスクリプト5	期待結果5	
6	テストスクリプト6	期待結果6	
7	テストスクリプト7	期待結果7	
8	テストスクリプト8	期待結果8	

動作説明

①組み込み系自動化ツールを実行

　組み込み系用の自動化ツールのスクリプトを1件ずつ実行する

②期待結果の確認

　実行した結果を期待結果と比較し、結果を入力する

③次のスクリプトを実行する

　次のスクリプトを実行して結果を確認し、実行するスクリプトが無ければ処理を終える

▶ 決めるべき自動化の方針と2つの自動化手法

　自動テストには、方針が重要です。方針を決めるうえで必要な内容は以下のとおりです。

- 作成するスクリプト数の想定
- 自動化する試験範囲
- 計画している試験実施回数
- どのような試験内容を自動化するか
- 組合せ試験の自動化などファイルを使用して、くり返し操作するか
- 自動テストのゴール

　自動化方針によって自動化の手法が異なります。大きく分けて自動化手法

は以下の 2 つです。くわしい自動化のプロセスについては、第 4 章・第 5 章で説明します。

- **順次実行型テストの自動化：**
  - さまざまな種類の試験を実施し、広い範囲を自動化できる
  - 試験回数は最低 5 回以上でなければ工数を削減できない
  - スクリプトが数千となっても運用可能にしなければならない
- **データ駆動型テストの自動化：**
  - データのパターン数だけくり返し動作させる
  - 試験の実施回数は 1 回以上で工数削減可能
  - 自動化するには高度なスキルが必要

≫ ツールの選定基準を押さえる

自動化手法によって、使用する自動化ツールの基準が異なります。おもな確認事項は以下の表のとおりです。

◆ 自動化手法とツール選定のうえで必要な確認事項

確認事項	順次実行型	データ駆動型
スクリプトを使って自動化できること	○	○
共通関数を作ることができること	○	○
Windows コマンドが使用できること	○	○
10 時間を超える長時間の連続動作が可能であること	○	○
試験対象が自動化可能であること	○	○
試験に必要な操作が自動化できること	○	○

3000 程度のスクリプトが指定順に実施することができること	○	－
ファイルの読み込み / 書き込みの操作ができること	○	○
エラーチェックができること	○	○

　自動化ツールの選定に失敗すると最初からやり直しになるため、大きな手戻りになります。しかも、ツール選びに失敗は自動化の運用段階になって失敗に気づくことが多いです。運用の段階でツールを変えるとなると、スクリプトを作りきってしまっているため、作成したものがすべて無駄になってしまいます。工数削減が自動テストの目的であるため、このような手戻りによる工数増加は、やってはいけない過ちです。

　先ほども述べましたが、ツールを選ぶ際には「何をどのように自動化したいか」「それを実現できるツールはどれか」を考える必要があります。ツールは、あくまで自動化のサポート役の位置付けです。ツールが主役にならないようにしましょう。

　ここでは、ツールの種類別に、選ぶ際の注意点を押さえましょう。

》 座標指定のツール

　画面のボタン操作を指定できず、画面の座標軸に対し、右クリックやキー操作をおこなうという指定しかできないツールがあります。このようなツールは、画面位置やボタンの位置などが変わることで、スクリプト修正が発生してしまいます。

　また、スクリプトで結果確認をする場合、画面のテキストボックスやラベルなどから情報を取得する必要があります。このようなツールだとそれができません。自動化してもミスが多く自動テストに使えないので、ツールとして対象から外しましょう。ミスのたびに人間が確認しては工数削減ができず、

自動化の意味がありません。

» プログラミング技術を必要としない自動化ツール

「操作を記録するだけで自動化を設定できる」など、かんたんに自動化できるツールは、かんたんな項目しか自動化できず、細かい操作や広い範囲を自動化できません。その場合、自動化対象が狭まり、工数削減幅が狭まります。こういったツールは人間系でできるかんたんな操作を自動化できますが、本来自動化したかったテストを実現できないので、対象から外す必要があります。

　自動化をおこなうにあたり、スクリプトを作成できない担当者がこのようなツールを選ぶ傾向にあります。この場合は、担当者自身がスクリプト作成のスキルを身につけましょう。スクリプト作成はそれほど難しいものではありません。自動化担当者のスキルの有無で、実現する自動テストの範囲を決めるべきではありません。

» 自動化に向いているツール

　自動化にあたり必要なものは、スクリプトを使用できるツールです。このようなツールは、細かい操作も自動でおこなうことが可能になります。

　画面情報（ラベル／テキストボックスなど）の情報取得やキー操作、Excel ファイルなどとの連携、共通関数を作成・使用できるなど、自由度の高いツールであれば、自動化が可能になります。

　また、スクリプトを作成する際は、10 回実行して 10 回成功するような処理にしなければなりません。すぐに止まってしまうスクリプトでは、その都度人間の手で確認をおこなう必要があり、自動化するメリットがありません。

　もし、どうしてもスクリプトがすぐに止まってしまうのであれば、その項目は自動化対象から外す必要があります。その項目が重要な試験であれば、

ツールを変更しなければなりません。

≫ 有償ツール

おこなうべき自動化によっては、有償ツールを選ぶ必要もあります。無償ツールに比べて機能が充実していて、初心者には使いやすいものが多いでしょう。サポートもあるのも魅力です。無償ツールでは、必要な機能を自作してそろえる必要があるため、ある程度のスキルが必要です。

また、スクリプト数や処理構造が複雑になってしまうと、引き継ぎが困難になってしまうこともあります。そういった場合に、有償ツールであれば使いやすく分かりやすいため引き継ぎやすいものも多いので安心です。自動テスト担当は開発経験者ではなく評価経験者になる傾向が多いため、引き継ぎしやすいツールを選ぶと良いです。

特に、有償ツールは順次実行型テストの自動化で有効です。順次実行型テストでは、数千を超える試験項目を自動化するため、さまざまな処理を自動化できることが必要です。また、スクリプト数が多くなるため、メンテナンスのしやすさも重要です。有償ツールは 100 万円を超えるものもありますが、金額は考えすぎる必要はありません。きちんと自動化することで、十分に元を取り戻せる範囲です。金額ではなく、あくまで自動化を成功させるために必要なツールを選びましょう。

現場の失敗例 **キーワード駆動型の自動化ツールを導入してしまった**

キーワード駆動型の自動化ツールとは、プログラム技術を必要とせず、入力ボタン押下、テキストボックスに文字列入力など、キーワードを入力することで手順を自動化するツールです。かんたんに自動化できて使いやすい印

象を持ちますが、複雑な試験を自動化できないので実践向きではありません。

　また、プログラム技術が必要ないといっても、プログラムの知識は必要です。もし 1 からプログラム知識をつけるのであれば、プログラム技術も一緒に身につければ良いでしょう。

　スクリプトを使って自動化をおこなったことのある技術者は、「キーワード駆動型のツールは自動化できる範囲が狭く制限が大きい」と声を揃えます。このようなツールを選んでしまうと、自動化する範囲が限定的になるので注意が必要です。

　キーワード駆動型のツールを選ぶ場合の多くは、自動化の方針を考えていない担当者が自動化しやすいツールを探しているパターンです。このようなツールを選ばないために、担当者はスクリプトを作成できるように勉強し、さまざまなツールを使えるようにしておかなければなりません。

現場の失敗例 キャプチャー＆リプレイツールを導入してしまった

　自動化ツールの中には、操作した手順をキャプチャできる機能を持っているツールがあります。こういったツールは、自動化初心者が興味を持ち、使用しがちですが、これも実践向きではありません。

　操作手順をキャプチャしたからといって、その同じ手順を何度もくり返せるとは限りません。実施環境や PC の負荷状態などにより、必ず同じ動作ができるとは限らないからです。

　実際、自動化ツールの営業マンと話してみると、「キャプチャー＆リプレイツールは、初心者が興味を持ってくれるが、スクリプトを使って自動化している担当者にはまったく興味を持ってもらえない」と言っていました。かんたんに自動化できるツールではかんたんな項目しか自動化できず、現場で

必要とするような自動化はできないのです。

　自動テストでは、多様な条件、手順、期待結果の確認を自動化しなければなりません。人間ではかんたんにできる操作も、ツールでは大きく難易度が上がることがよくあります。ツール選びの際は、使い方の容易性だけでなく、ツールの特性、細かい動作が自動化できるかも検証する必要があります。

現場の 失敗例　自動テストで自動化ツールが主役になってしまう

　経験が無い人が自動テストをおこなうとき、まずどの自動化ツールを使うか考えてしまいます。これは、自動化することを目的としてしまうからです。本書では、あえて自動化ツールの説明は極力少なくしています。

　自動テストで重要なのはプロセスです。事前にリスクを察知して対策を打ち、工数削減するために自動化する方針を決め、自動化する試験項目を選定し、その後に選定した試験項目を自動化できる自動化ツールを選定しなければなりません。

　最初に自動化ツールを決めてしまうと、そのツールで自動化できるテストケースを探すことになります。そうなってしまうと、目的は工数削減ではなく、自動化することになってしまいます。自動で動いていることで成功しているように見えてしまいますが、運用の段階になったら失敗が見えてきます。なぜなら、自動化できる項目を自動化しているため、運用の段階で何度も実行する価値があるかを十分に検討していないためです。

　自動テストの成功は、運用の段階で何度も実施する価値のある試験を計画の段階で決め、その方針を実現することのできる自動化ツールを探すことです。つまり、自動テストの成功に重要なのはツールではなくプロセスです。これが本書で伝えたいことです。

第**3**章

自動化を成功させるための
4つのプロセス

3-1

プロセス1：計画

　ここからは、自動テストを成功させるために必要な4つのプロセスを具体的に見ていきましょう。

　まず初めに、テスト計画を立てる必要があります。ここでは以下のことをおこないます。

- ✦ 自動化の方針を決める
- ✦ 試験項目の内容を分析する
- ✦ 自動化ツールの品質・仕様や評価対象のシステムを分析する
- ✦ 自動化設計手法を決め、テストツールを選定する
- ✦ テスト計画を作成する

》 自動化の方針を決める

　自動化の方針を決めるには、プロジェクトの方針や問題点、テストの実施内容を理解して、その中から自動化する試験の優先順位を明確にします。評価対象によって試験の優先度の定義が異なるため、優先順位づけは難しい作業です。

》 自動化する試験項目を切り分ける基準

　試験の優先順位を明確にするにあたって重要な点は、自動化する試験項目

電子書籍を読んでみよう！

技術評論社　GDP　　検索

と検索するか、以下のURLを入力してください。

https://gihyo.jp/dp

1 アカウントを登録後、ログインします。
【外部サービス(Google、Facebook、Yahoo!JAPAN)
でもログイン可能】

2 ラインナップは入門書から専門書、
趣味書まで1,000点以上！

3 購入したい書籍を 🛒 に入れます。
カート

4 お支払いは「*PayPal*」「YAHOO!ウォレット」にて
決済します。

5 さあ、電子書籍の
読書スタートです！

Software Design WEB+DB PRESS も電子版で読める

電子版定期購読が便利!

くわしくは、
「**Gihyo Digital Publishing**」
のトップページをご覧ください。

電子書籍をプレゼントしよう! 🎁

Gihyo Digital Publishing でお買い求めいただける特定の商品と引き替えが可能な、ギフトコードをご購入いただけるようになりました。おすすめの電子書籍や電子雑誌を贈ってみませんか?

こんなシーンで…　　●ご入学のお祝いに　●新社会人への贈り物に　……

◉**ギフトコードとは?**　Gihyo Digital Publishing で販売している商品と引き替えできるクーポンコードです。コードと商品は一対一で結びつけられています。

くわしい**ご利用方法**は、「**Gihyo Digital Publishing**」をご覧ください。

電脳会議 紙面版
新規送付のお申し込みは…

ウェブ検索またはブラウザへのアドレス入力の
どちらかをご利用ください。
Google や Yahoo! のウェブサイトにある検索ボックスで、

| 電脳会議事務局 | 検 索 |

と検索してください。
または、Internet Explorer などのブラウザで、

https://gihyo.jp/site/inquiry/dennou

と入力してください。

「電脳会議」紙面版の送付は送料含め費用は
一切無料です。
そのため、購読者と電脳会議事務局との間
には、権利&義務関係は一切生じませんので、
予めご了承ください。

技術評論社　　電脳会議事務局
〒162-0846　東京都新宿区市谷左内町21-13

を切り分ける基準です。1 度にすべての試験項目を自動化してしまうと、手戻りがあった際にすべてのスクリプトを修正することになり、かえってコストがかかってしまいます。それを防ぐために、基準に従って自動化する優先順位をつくり、高い優先順位の試験項目からスクリプトを作成していきます。自動化する項目をまちがえてしまうと、実行すればするだけ非効率になるため、優先度の定義が自動テストの成否を決定づけると言っても良いでしょう。

　基準となる基本的な考え方は、デグレが起きるリスクです。自動化する試験項目の切り分け基準はプロジェクトによって異なるため、以下でいくつか例を挙げていきます。

3
自動化を成功させるための 4 つのプロセス

◆ 広く浅く基本機能を確認するテスト

　基本機能でデグレが発生しては大きな問題です。そのため、自動化の項目に盛り込み、何度も確認すると良いです。ソフトのリリースチェックなどがこのテストに該当します。

◆ 一連の操作を確認するシナリオテスト（ユースケース試験）

　一連の操作を確認する場合、さまざまな機能を確認します。特に、ユーザーが実施しそうなシナリオをテストでデグレが出ないように自動化し、何度も確認する必要があります。

◆ デグレが多い機能

　開発期間中にデグレが多かった機能は、自動化して何度も確認する必要が

あります。

- 安心安全、法律関係、金額や点数の数字ずれなど、顧客の強い要求の
  あるもの

顧客やユーザーの要求の強い機能でデグレが発生するのは大きな問題です。特に、最近のシステムでは安心安全にかかわる機能もあるため、その機能で不具合を出ると大きな問題になります。そのため、自動化し何度も実施するようにしなければなりません。

- 過去に出した市場不具合

過去に出した市場不具合が再度発生してしまうことも大きな問題です。会社やソフトウェアの社会的な信用にも大きくかかわるでしょう。自動テストで何度も確認し、デグレを発生させないようなしくみが必要です。

- 10回以上実施する予定のある試験

ここまで例に出した以外の試験でも、20回以上の実施予定があれば自動化する対象とするべきです。くり返しおこなう試験を自動化することで、コスト削減につながります。

- これまで工数が無くてくり返し実施できなかった試験

既存の試験項目を抜き出して自動化するだけでなく、これまで工数が足ら

ずにくり返し実施できなかった試験を自動化するという手段も有効です。

優先順位は、プロジェクトの状況によって変動します。また、デグレの多い機能や市場不具合などは、数か月で変わります。数か月ごとに優先順位を見直し、効果的な自動化を常に意識しましょう。

≫ 最初に自動化するテスト

最初に自動化するのは、広く浅く基本機能を確認するテストが良いです。自動化できる機能とできない機能を知るためです。本格的な自動化計画を立てるのは、基本機能の自動化できるかが判明してからでも良いでしょう。後で一部しか自動化できないことが判明した場合には、自動化の目的である工数削減が難しくなります。

自動化する箇所は、必ず意味を持たせる必要があります。たとえば、「デグレが多く節目のテストで必ず不具合を出してしまうため、デグレを確認するために幅広い機能とデグレの多い機能を自動化し工数をかけずテストできるようにする」など、自動化に意味を持たせれば、何度も実施する価値を実感しやすくなります。現場で起こっている問題を分析し無駄に工数が多くかかっている、もしくは工数の問題で実施できないテストがあるかを分析し、自動化する箇所を決めるとよいでしょう。

≫ 自動化しない試験

自動化しない試験は以下のようなものです。

- 重箱の隅をつつくような試験
- 不具合出しを目的とした意地悪試験

これらの試験は、自動化実装中に不具合が見つかることがありますが、何度も実施する必要のある試験とは言えません。このような試験は人間の手で実施するのが有効です。

現場の失敗例　不具合を出す試験を自動化してしまった

　レアケースの試験をおこない、不具合が出そうな試験を自動化している現場がありました。このような場合、スクリプト作成の手順を確認段階で、不具合が見つかるケースがほとんどです。また、作成したスクリプトを実行する場面も少なく、修正を確認するために実施する以外に価値が見いだせないため、3回程度の実行で使われることが無くなりました。結果、自動化するためにかかった工数ぶんを取り返すほど実行しないため、人間の手で実施するよりも工数がかかってしまいました。

　作成したスクリプトを実行する回数が少なければ、工数削減はできません。実行する回数が多い試験を自動化しましょう。

現場の失敗例　自動化できるからといって広範囲の試験を自動化する

　よくある現場の失敗例です。「自動化できる範囲を広げれば工数が削減できる」と考えてしまい、自動化できる範囲すべてを自動化しようとするパターンです。この場合、スクリプトを実行する場面では成功しているような気がしますが、優先度の低い試験は何十回も実施する必要性がないため、価値の低い試験を大きな工数で試験している状態になっています。最大の問題は、仕様変更などメンテナンスが発生した場合です。優先度の低い試験を工数をかけてメンテナンスするのは非効率です。

　とりあえず自動化できる項目を自動化しようとすると、このような失敗になってしまいます。自動化する必要のある試験項目を見極めるスキルは、自動化スキルでも非常に重要です。

現場の失敗例　自動化のゴールを決めない

　自動テストを導入すると決まれば、優先順位を定めて自動化する項目を決めます。しかし、最終的にどこまで自動化するのかというゴールを決めていなければ、優先度が高い項目を自動化した後に、優先度が低い項目まで自動化を進めてしまいます。これでは、優先順位を決めた意味がありません。

　自動化する項目を増やすのは正しいとは限りません。人間で実施する試験と自動で試験する範囲を切り分けることは、テスト全体を把握し、試験項目を管理するテストマネジメントのスキルが重要です。自動化する試験の切り分けを正しくおこない、品質向上と工数削減のバランスを良くしなければなりません。

▶▶ 試験項目の内容を分析する

　自動化の方針を決めたら、対象になりそうな試験項目について、以下の内容が明確か確認します。

- ◆ 実施手順
- ◆ 事前条件
- ◆ 期待結果

これらにあいまいな表現があれば、自動化前に試験を実施し明確にする必要があります。

　機能試験の自動化であれば、項目数は数千にのぼるので、スクリプトの作成や修正だけで大きな工数になってしまいます。そのため、自動化する試験は、1度実施して仕様が明確か確認したものでなければなりません。仕様を知らなければ、スクリプト作成に時間がかかるほか、スクリプト作成段階で必要な手順・機材が判明し、自動化できないといったリスクが判明することがあります。リスクを抑えるためにも、試験を実施し内容を理解しておく必要があります。

　スクリプトの作成は、手動での試験に比べ、以下のように3倍の工数がかかります。

(1) 試験を実施し内容を確認する

(2) スクリプトを実装する

(3) 作成したスクリプトを実行して結果を確認する

　試験項目に不明点やあいまいな箇所があれば、実装作業が止まってしまいます。事前に問題は解決させておき、自動化作業だけに集中しなければ、自動化に必要以上の時間がかかってしまいます。

　また、試験内容を理解することで、手順が同じ項目など共通化できる処理もわかります。

現場の失敗例　自動化担当者がテストを理解していなかった

　自動化する場合には、まず手動で試験をおこなえなければなりません。テ

ストを理解していなければ、自動化は不可能です。先ほど述べたように、自動化には通常のテストの 3 倍の工数が発生するため、テストが理解できていなければ必要以上に工数が発生します。

たとえば、仕様を知らなければ仕様理解という工数が増え、さらに、まちがったスクリプトを作成してしまう無駄な工数や修正の工数がかかってしまいます。まちがった手順や期待結果で試験してしまうと、不具合の見逃しにもつながるので、注意が必要です。

▶ 自動化ツールの品質・仕様や評価対象のシステムを分析する

自動化を進めていくには、システムやツールの仕様を理解することはもちろん、より踏み込んだ動作を挙動を知る必要があります。仕様書に記載されていない動作をどこまで知り尽くせるかが、自動化成功の鍵です。

どうしても自動化ツールで必要な情報が取れない場合、別の手順を試す必要が出てきます。仕様を知り尽くしていると、スクリプト作成時に 1 つの手順でできなかった場合、別の手順を試すことができます。

たとえば、次のような場面は頻繁に発生します。

「自動化ツールで画面のテキストボックスの値は取れるが、試験に必要な情報のラベルの値がどうしても取れない」

自動化の実装場面でこのような問題が発生してしまい、作業が前に進まなくなれば、これまでの作業がすべて無駄になります。これを解決するには、次のような手段が考えられるでしょう。

- 別のツールを探す
- ほかの手順や画面で同じ値を取得できるか確認する

　優秀な試験実施担当者であれば、仕様書に記載されている手順以外の仕様を知っている場合があります。自動化するうえでは、そのようないわゆる裏の仕様に精通していると、作業がスムーズに進みます。

　裏の仕様を知るためには、あらかじめ試験実施を経験しておくとよいです。試験の内容の理解、深い仕様の理解を踏まえたうえで自動化すれば、自動化範囲も広がり、スクリプトの作成工数短縮も図れます。

　有償の自動化ツールにはQA窓口があり、実施方法がわからない場合には質問できます。無償ツールにはそのようなサービスがないので、自己解決しなければならない難しさがあります。

　また、自動化をするうえではシステムの品質を把握しておく必要があります。不具合があれば正しく動作しないため、スクリプトを作成できません。たとえ作成できたとしても、それが正しいか確認できません。あくまで自動化の前提にするのは、試験をしたうえで不具合がなくなった状態であり、試験をおこなう目的はデグレの確認でなければなりません。1件の試験項目を自動化ができても、何十件、何百件と連続して自動化できなければ、自動化しても無駄です。

　自動化するたびにメモリーリークが発生するようでは、自動テストを運用できません。事前にシステムの品質を確認し、どのような不具合が残っているか、自動化作業に問題ないかについて確認しておく必要があります。ツールの変更は大きな手戻りになるため、ツールの選定には細心の注意が必要です。別のツールを探すことになれば工数が大きく無駄になります。最悪の場合は自動化できるツールが無くて自動化できないということになります。

評価対象の仕様を知り尽くしていなかった

　現場でスクリプトを作成していると、かんたんには自動化できない手順が見つかったり、必要な情報を取得できないケースがよくあります。そんなときに、「この試験は自動化できない」と決めつけてしまうと、自動化できる範囲が狭まってしまいます。

　自動化を成功させるには、そういった場面でも自動化を可能にする技術が必要です。仕様書に記載のない手順に精通していると、自動化する手順が見つかります。そのような仕様を見つけるためには、試験実施の経験が重要です。たとえば、想定していなかった複数のツールを使用することがスクリプト作成中に判明した場合、その試験を自動化できなくなる可能性があります。ある程度スクリプトを書いてしまうと、途中で自動化ツールを変更することは難しいです。事前に試験を実施していれば防げた失敗でしょう。

　また、テストケースの手順どおりでは自動化できない場合も、ほかの手順を使えば自動化できる場合があります。

　たとえば、期待結果が表示される画面が自動化ツールで遷移できない場合、ほかの画面で必要な情報があったとします。それを自動化できるのであれば、その画面で試験手順を読み替えて実施することが可能です。そういったことができるのも、仕様を知り尽くしているからです。

自動化設計手法を決め、テストツールを選定する

　自動化の方針が決まれば、「順次実行型の自動化」「データ駆動型の自動化」のどちらの手法で自動化するのかが決まります。それに従って使用する

ツールを選定します。選定したツールは、事前に自動化を試みて検証します。具体的なツール選定方法については、2-4節を参照してください。

この時点では、機能を自動化できるか大まかに確認します。設計の段階で自動化できないことがわかってしまうと問題になるので、自動化できる機能やできない機能を広く浅く把握しておく必要があります。自動化できる範囲を想定し、必要な手順を自動化できるか、必要な情報がツールで取得できるかを検証します。

この段階では、ツールは1つに絞らず複数候補があってもかまいません。実際に使うツールは、自動化するフェーズで決めればよいです。

また、工数見積もりで使用するために、1スクリプト作成にどれだけ工数が発生するのかも検証しておく必要があります。

テスト計画を作成する

計画プロセスの最後に、テスト計画書を作成します。必要な内容は以下の5つです。

- 自動化の方針
- 自動化の対象／非対象
- 自動化の作業範囲と期間
- 手動と自動の工数比較
- 自動化のメリット／デメリット
- 自動化のリスク

自動化の方針

　自動テストを成功させるためには、はじめに自動化の方針を記しておくべきです。以下のような内容を決めておきます。

- どの試験を自動化するか
- どのような手法を使って自動化するか
- 何を自動化し、何を自動化しないか
- これ以上の自動化はおこなわないというゴール

　基本的には、「デグレが出てはいけない項目を自動化する」という方針です。デグレを確認するには何度も試験を実施するため、自動化する価値があります。何度も実施する価値のない試験は自動化すると非効率になるため自動化してはいりません。

》自動化の対象／非対象

　自動化する方針に従って、どこを自動化するか、どこは自動化しないかをくわしく記載します。以下の表では、デグレが出てはいけない項目を自動化対象として例を挙げてみます。

◆ 自動化の対象例

確認内容	詳細
基本動作	基本機能で不具合が出ては問題のため自動化することで確認する
すでに出た市場不具合	1 度市場で発生した不具合は 2 回出すと問題のため確認する
顧客／ユーザの要求の高い機能	安心・安全にかかわるものなど顧客の要求の高い機能の確認を自動化し確認する
ユースケース試験	ユーザーがよく使う一連の操作を自動化し確認する

優先度の高い試験項目	試験項目が多い場合、優先度の高い項目を抜き出し確認する
新機能など注目の高い機能	注目される新機能は不具合出すと問題になるため自動化し確認する
デグレが多い機能	開発期間でデグレが多い機能は自動化し確認する

　派生モデルの展開が事前にわかっていれば、そのテスト項目も自動化に含めておきましょう。作成したスクリプトを流用することもできるため重要です。

　また、自動化しない対象も記載しておく必要があります。おもに不具合出しを目的とした試験では、何度も実施する価値もないため、自動化はかえって非効率になります。例を上げると以下のような試験になります。

- 重箱の隅をつつくような試験
- ユーザーがおこなわないようなレアケースの試験
- 不具合出しを目的とした試験

≫ 自動化の作業範囲と期間

　自動化の方針が決まれば、作業範囲と期間が決まります。検討した以下の内容を記載します。

- どのテスト項目を自動化するか
- 各テスト項目はどれくらいの期間で自動化するか

　この際、自動化するテストケースに優先度を決めておきます。各工程でどのような作業をおこなうか、どれだけの工数をかけるかを考えて具体的に見積もる必要があります。

≫ 手動と自動の工数比較

　自動化の方針が決まり、自動化ツールのめどが立てば、自動化による 1 回あたりの工数見積もりが可能になります。手動でおこなう場合と自動化する場合の工数を比較し、くわしく記載しておきましょう。自動テストを何回おこなえば手動の工数を下回るかを確認します。何回目で効率化のめどが立つのかを示せれば、自動化の提案が通りやすくなるでしょう。

　多くの場合、5 回程度の実施で自動化の工数が手動の工数を下回ります。しかし、実施回数が 5 回程度であれば十分に自動テストを使いこなしているとは言えません。想定する回帰試験の回数はを 20 回以上とすると、より大きな効果を得られるようになります。

≫ 自動化のメリット／テメリット

　計画書には、自動テストのメリットやデメリットも記載しておきます。ここでは「順次実行型テストの自動化」「データ駆動型テストの自動化」の 2 つの手法について、メリット／デメリットの記載例を示します。デメリットには、現時点での解決策も提示できるとよいでしょう。

順次実行型テストの自動化のメリット

- 順次実行型テストの自動化をおこなうことで幅広い箇所を自動化することが可能になり、工数削減を可能にする
- 多くの複雑な手順を自動化することで大幅な工数削減と作業者のストレスを軽減する
- バージョンアップのたびに何度も実施し、デグレの確認が容易になる
- 自動化できる場面が広いためさまざまな評価対象でも自動化導入が可能になる

- 実行結果をファイルに書き込め、テスト結果の確認が容易になり工数の削減につながる
- 同じスクリプトをくり返し実行することが可能なので、耐久テストをおこなうことも可能になる
- 24時間連続運転や夜間でもテスト実行可能なため、工数削減できる
- スクリプトの実行をおこなうだけならスキルはいらず、実行と結果確認におけるヒューマンエラーを防ぐことができる
- 今まで人間がおこなっていた単純作業を自動化によって削減されたことで、人間は人間にしかできない作業に集中できる

順次実行型テストの自動化のデメリット

- 大量のスクリプトを実行した場合に、エラーなどにより途中でスクリプトが止まってしまうと以降のスクリプトが動かなくなる
  → スクリプト実行時に最初にTaskkillコマンドを使い、立ち上がっているアプリを強制終了することで回避
- 自動化の対象範囲が広いため、仕様が変更された場合に修正箇所が広くなってしまう
  → 共通関数の作成で修正箇所を減らすこと、仕様変更が多い場所はあらかじめ自動化しないことで回避
- スクリプトの本数が多く作成工数が多く発生する
  → 共通関数を用いて工数の削減を図る
- テストケースのレベルが低ければテストする意味が無いものを自動化するだけになる
  → テスト設計をしっかりとしたテストケースを作成しておき、自動化す

る意味のあるものにしておく

- メンテナンスを考えず設計し失敗すればすべてが水の泡
  → あらかじめ共通関数の設計をおこなうことでメンテナンス工数を削減
  できるようにする
- 有償ツールのため導入コストが高いため計画性が重要になる
  → 損益分岐点を洗い出し、テスト何回目から工数が削減できるか洗い出
  し導入を検討する
- スクリプト数が多くなるので手戻りなどが発生した場合の対応工数が多
  くなる
  → 2 人で 2 か月程度をめどに作成し、振り返りをする期間を設ける。ま
  た共通関数を多く使う
- 自動化ツールとテスト技術の技術習得が自動テスト実現にネックになる
  → 有償ツールは使いやすく習得しやすい、テスト技術は設計者が自動化
  のテスト設計を理解していれば可能

データ駆動型テストの自動化のメリット

- データ変更をする場合、参照先のファイルを変更するだけで可能になる
- 組合せ技法のツール「PictMaster」（くわしくは第 4 章参照）のファイ
  ルを取り込めるため、データ変更に発生する作業工数を削減できる
- バージョンアップのたびに何度も実施し、デグレのチェックが容易になる
- 実行結果をファイルに書き込め、NG 結果の確認が容易になり工数の削
  減につながる
- 同じロジックを Loop で何度もくり返すだけなので、スクリプト作成に
  かかる工数も少なく作業効率が良い

- 24時間連続運転や夜間でもテスト実行可能なため、工数削減できる
- スクリプトの実行をおこなうだけならスキルはいらず、実行と結果確認におけるヒューマンエラーを防げる
- PCが作業をおこなうため、大量のデータを扱うことになっても、人間は肉体的や精神的な負担を感じずに作業できる
- 今まで人間がおこなっていた単純作業を自動化によって削減されたことで、人間は人間にしかできない作業に集中できる
- 同じスクリプトをくり返し実行できるなので、データ量を増やすことで耐久テストをおこなえる

データ駆動型テストの自動化の懸念点

- まず実際のシステムの動作を確認し自動化可能なツールを選定し、実現可能かどうか判定する必要がある
- 自動でテストをおこなう前に、1度手動でテストをおこない結果が正しいことを確認する必要がある
- 組合せ技法を使う場合には、組合せ技法に対する知識が必要になる

≫ 自動化のリスク

　初めて自動化を進める際に、1度に大きな範囲を自動化することはリスクが大きいです。小さく始めれば手戻りがあった場合に影響が小さく済みます。最初は、2か月程度の短い期間で作業を進めて、リスクが無くなった時点で期間を広げていくと良いです。

　実際にスクリプトを作成して初めてわかることも多くあるため、すべて自

動化し終えた後に修正や機能追加をおこなうと、作成したスクリプトをすべて修正することになります。自動化の目的は工数削減のため、手戻り工数が発生しては問題です。何らかの手戻りは発生すると考え、発生したとしても、手戻り工数は少なく抑えられるように、短いスパンで自動化作業を進めていく必要があります。

　自動テストをおこなう際には、事前にリスクを洗い出し、対策を検討しておく必要があります。自動テストのリスクとは、作業の手戻りになりうる要因です。実際の作業に入ってからリスクが問題化してしまうと、振り出しに戻ってしまい、実施した作業が手戻り工数になってしまいます。本書で記載している「現場の失敗例」を事前にチェックし、リスクに対してこの段階で対処しておく必要があります。

現場の失敗例　自動テストのリスクを考えずに進めてしまった

　初めて自動テストする場合、何を自動化してよいかわからないことだらけで、自動テストのリスクが何かわからず進めていく場合が多くあります。ある程度進めていくとリスクが問題化し、手遅れとなって失敗してしまう現場もよく見られます。

　自動テストでは、計画段階であらかじめリスクを洗い出しておき、作業に入る前には手を打っておくことが理想です。自動テストが成功するかどうかは、計画段階でリスクをどこまで潰せるかにかかっています。

　しかし、初めて自動テストをおこなう場合、事前にリスクを挙げ尽くすことは不可能です。そうした場合には、自動テストの経験者にアドバイスをもらう必要があります。自動テスト経験者といっても、失敗の経験者のアドバイスでは不十分に感じるかもしれませんが、失敗ケースを集めることで、ど

のようなリスクが潜んでいるかを理解することはできます。いずれにせよ、自動テストを始める前には、経験者にヒアリングすることは必要です。

　経験者が周りにおらず初めて自動テストをおこなう場合は、リスクもわからないのでたいてい失敗します。その場合は、失敗前提で小さく自動テストを始めて、失敗があれば改善をおこない、徐々にプロセスを形成して、自動テストを成功に導いていくという方針を取らなければなりません。

現場の失敗例　実行する回数を考えていなかった

　自動化さえすれば工数削減ができると考えてしまい、自動テストを実行する回数まで検討しきれていない現場が多くあります。結果として、せっかく自動化したテストを数回しかおこなわず、工数を削減できませんでした。

　テスト計画段階では、テストを実施する回数と何回目の実施で工数が削減できるのかを見積もる必要があります。何度も実施して効果がある試験は、デグレを確認するような試験です。「試験は不具合が出なければ意味がない」と考えてしまう人もいますが、そうではありません。計画段階で自動化する試験を十分に検討しなければなりません。

現場の失敗例　上層部／お客様に自動テストとは何かを説明できていない

　現場でよくある失敗例です。自動テストの作業を開始する前に、周りの関係者に自動テストの説明がしっかりとできていなかったため、実装後に「こんなものだとは思わなかった」と苦情を言われてしまいました。

　一般的に、「自動化」という言葉のイメージから、自動でテストをおこなうことで劇的にコスト削減し、大きく品質を高めるという過度な期待をしが

ちです。もちろん、本書でも何度も述べているように、実際はそのような効果が得られるものではありません。

　自動テストをよく理解していない上層部やお客様には、どの程度自動化できて、どれくらいコスト削減になるのかを計画段階で伝えなければなりません。そのために、自動化担当者は計画段階で実際に得られる効果・リスク・自動化のメリットとデメリットをしっかりと把握しておく必要があります。

3-2

プロセス2：設計

　テスト計画が完成したら、実際に自動テストを設計します。このプロセス2では、以下のことをおこないます。

- 自動化の処理概要をまとめる
- 自動化のスクリプト構成を考える

》自動化の処理概要をまとめる

　テスト計画で自動化する期間、自動化する範囲、優先順位が決まりました。その内容から、具体的にどの試験をどれだけ自動化するかが明確になるため、ここでは自動化の処理概要を決定します。概要とするのは以下のような内容です。

- 順次実行型テストの自動化の場合：自動化するテスト項目とその数
- データ駆動型テストの自動化の場合：処理のフロー

　設計段階で処理方針を明確にし、それが実現できる自動化ツールか確認します。自動化するうえでは、1つのシステムだけを自動化することはあまりありません。ほかのツールとの連携やWindowsコマンドの自動化、Excelファイルの読み書きの自動化などがよくおこなわれます。処理概要をまとめ

ることで、自動化するうえでの詳細を把握し、問題がどこにあるかを明確にできます。問題点は解決させたうえで、スクリプトを作成しなければなりません。

▷ 自動化のスクリプト構成を考える

スクリプトを作成する際には、あらかじめ共通関数を決めておく必要があります。スクリプトを作成していると、同じ処理を自動化することがよくあります。同じ処理を別の関数で実装すると、工数が無駄になるのと同時に、仕様変更などによるスクリプトの修正ですべての関数を修正しなければいけません。そのため、同じ処理は共通関数としてまとめる作業が必要です。

スクリプトの作成を始める前段階で、共通する処理を洗い出しておき、スクリプトの構成を決めておくのが重要です。複数の自動化担当者で作業を進める場合には、認識を合わせて共通化しなければなりません。

おもな共通処理は以下のようなものですが、これ以外にも多岐にわたります。

- 初期処理
- 画面遷移
- 結果を Excel ファイルへ自動で書き込む処理
- エラー処理　など

特に重要なのは、自動で結果を確認し、テストケースに結果を出力させる処理を持たせることです。実施した結果をログから人間が確認し、テストケースに結果を入力していると工数の無駄です。スクリプト実施時に結果を判定し、自動で結果入力をおこなう処理にすれば、人間は実施と結果確認の

みで作業が完了します。大幅な工数削減が見込めるでしょう。

スクリプトの構成を考えていなかった

　設計段階でスクリプトの構成を考えていなかった現場がありました。実際には、考えていないわけではなく、思いつかない場合が多いです。

　どのようなリスクがあるかわからない自動化導入の当初で、スクリプトの構成を考えることは難しいです。後からスクリプトの構成を変えた場合、作成したスクリプトをすべて修正しなければならなくなります。最初に自動化する際は、自動化する範囲を厳選し、2 か月程度の作業ボリュームで自動化し振り返りの段階でスクリプト構成を見直すとよいでしょう。

　共通関数を用いたほうがよい処理は、最初に考えて織り込まなければ、後から修正すると大きな工数になります。1000 件のスクリプトに共通関数を導入すると、1 件あたり 5 分かかったとしても 5000 分かかってしまいます。自動化する際には、最初に共通関数をしっかりと検討しなければいけません。

スクリプト作成のルールが無い

　複数人でスクリプトを作成していたものの、共通ルールが無かったため、修正の手戻りが大きくなってしまったケースがありました。

　スクリプト名の命名規約、共通関数の共有化など、どのようにスクリプトを作成するかあらかじめ決めておく必要があります。特に、複数人でスクリプト作成を進める場合は必須です。そのほか、スクリプトの作成技術や作成ミスなども共有できるようにしておくと、より工数削減につながります。認識を合わせて、共通ルールを決めておくとよいでしょう。

3-3

プロセス3：テストの実施

　設計が完了したら、いよいよテストの実施です。プロセス3では、以下のことをおこないます。具体的なスクリプト作成のプログラム技術は、本書では割愛します。

- スクリプトを作成する
- スクリプトを実行する

スクリプトを作成する

　設計段階で検討した箇所について、実際にスクリプトを作成していきます。この段階では、ひたすらスクリプトを作成していくだけです。

　スクリプト作成中にどうしても自動化できない問題が発生した場合、計画段階に戻る必要があります。そうならないように、計画段階で自動化の方針を実現できるツールを選定しておくことが重要です。

作成したスクリプトを実行する

　スクリプトが完成すれば、あとは実行するだけです。ここでの注意点は、実行中に人が確認のために横についている状態を避けることです。せっかく自動でテストをおこなっているのに、その人のぶんの工数が無駄になってし

まいます。

　自動テストの実施は、担当者が帰る前にスクリプトを実行し、夜間に自動化ツールだけでテスト処理を走らせて、朝に担当者が結果確認のみおこなうとよいでしょう。夜間の時間を有効に使い、可能な限り人間の手は使わないようしなければなりません。

3-4

プロセス4：振り返り

≫ 計画に対しての実績の検証

　自動化においてもっとも重要なことは、振り返りです。自動化には失敗がつきものです。失敗した箇所に対応を検討することで、より効率的な自動テストを継続できます。

　このプロセスでは、以下の内容について考察し、改善を検討する必要があります。

- 計画していた削減工数と実績の工数との比較
- スクリプト実行時に発生した問題と対策
- スクリプトに追加が必要な共通機能の検討と導入
- さらに工数削減をおこなうための対策
- 事前に出した懸念は解消できたか確認する
- 実装した自動化が有効だったか検証する

　これらの内容を振り返り、計画と実績のギャップを考察して、次の自動化作業ではより良いものへレベルアップしていくことが重要です。

1回の失敗であきらめる

　自動テスト自体をパイロットプロジェクトとして、テスト自動化を進めている現場がよく見られます。試しに導入しているので、失敗はつきものです。

　しかし、1回の失敗で自動化をあきらめていることがよくあります。自動テストは、失敗と改善のサイクルを常に回していく必要があります。1度の失敗であきらめず、失敗したら改善し何度も改善していくことで自動テストの技術を身につけ、最終的に成功させていく必要があります。

　そのためには振り返りが重要です。1度にすべてを自動化するのではなく、2か月程度のサイクルで振り返るようにしましょう。2か月程度のサイクルであれば、手戻りがあっても修正工数が少なく済みます。

　1度の失敗であきらめてしまった現場では、1度にたくさんのスクリプトを作ってしまい、修正しようとすると工数がかかってしまうためにあきらめてしまったようです。この経験を次に生かすためには、小さく始めて失敗を改善していくことが重要です。

自動テストの振り返りをおこなわない

「自動テストは無駄だ」という人は、自動化に失敗した後に振り返りをおこなわず、失敗したまま終わりとなっていることが多いです。1つの問題があった場合に回避策を検討せず終わってしまうと、あたりまえですが「自動テストは無駄」という考えに至ってしまいます。

　もし自動化に失敗してしまっても、その失敗を振り返り、どのようにすれば次回成功するか検証しなければなりません。工数削減を目的とした自動テ

ストが失敗すると、自動テストにかけた工数がすべて無駄になります。

　自動テストをおこなう場合には、必ず何かしらの問題が発生します。第 2章でも述べたように、「自動テストの 9 割は失敗する」とも言われているのです。その問題は、自動化ツールの選定ミス、スクリプトの構造、自動テスト対象の選択ミスなどさまざまです。その問題を解決しながら、少しずつ自動テストを進めていくことが重要です。

　自動テストでの失敗は、スクリプトを作成してから、運用の段階で判明することが多いです。はじめの自動テストではスクリプト作成から運用までを経験し、どのような失敗が出てくるかを見ておくと良いでしょう。

3

自動化を成功させるための 4 つのプロセス

第 **4** 章

データ駆動型テストの
自動化を実践する

データ駆動型テストの自動化の全体像

▶ データ駆動型テストとは

　データ駆動型テストとは、数百パターンのレコードが格納された Excel ファイルや CSV ファイルなどを利用し、同じロジックに対して、レコード内容の入力をレコード数ぶんくり返すテストです。複数の入力パターンを確認したい場合などに有効なテストです。

　たとえば、ある飲食店のデリバリーシステムのテストを考えてみます。このシステムでは、以下のようにメニューを選択できるとします。

- メインメニュー：カレー／パスタ／ハンバーグ
- サイドメニュー：サラダ／スープ
- デザート：プリン／ケーキ

　これらの組み合わせパターンをオールペア法を使って作成すると、以下のようなパターンが作成されます。

◆メニュー注文のパターン表

No.	メインメニュー	サイドメニュー	デザート
1	カレー	サラダ	ケーキ
2	カレー	サラダ	プリン
3	カレー	スープ	ケーキ
4	カレー	スープ	プリン
5	パスタ	サラダ	ケーキ
6	パスタ	サラダ	プリン
7	パスタ	スープ	ケーキ
8	パスタ	スープ	プリン
9	ハンバーグ	サラダ	ケーキ
10	ハンバーグ	サラダ	プリン
11	ハンバーグ	スープ	ケーキ
12	ハンバーグ	スープ	プリン

　これくらい数が少ない場合は人間の手作業でも問題ありませんが、パターンが数百数千になると手作業は不可能でしょう。データ駆動型テストの自動化では、データの入力や登録処理、結果判定を自動でおこないます。

　この手法のポイントは、スクリプトがデータの入ったファイルを読み込むように設計することです。スクリプトに直接データを記載してしまうと、データに変更が入った場合にスクリプトを変更しなければなりません。この手法では、データの入ったファイルを変更するだけで済みます。

≫ 自動化するメリット

　データ駆動型テストを自動化すると以下のようなメリットがあります。

・大量のパターンのデータの入力と計算が高い精度で可能

- 自動で入力と計算をおこなうため時間を短縮できる
- 仕様変更が入った場合のメンテナンス工数が少ない
- 人的資源の有効活用できる
- 入力データの変更が発生した場合にファイルの変更だけで済むので保守性が高い
- スクリプトの作成工数が少ない

　この手法の最大のメリットは、大量のデータ入力を高い精度でおこなえる点です。入力するデータ数が数千になったとしても、自動で入力することで非常に少ない工数で可能になります。スクリプトの処理内容はデータ数ぶんの Loop 処理で済むため、作成も容易です。仕様変更などが発生した場合にも、かんたんに修正できます。

　特に組合せ試験では、大量のデータを扱う場合、人間の手作業では膨大な工数がかかります。また、同じ処理を気が遠くなるほどくり返すため、ミスも多発します。しかし、自動化ツールでは夜間に何時間でもくり返し作業できます。これまでできなかった件数の組合せ試験も可能になり、テストの幅が広がります。

現場の失敗例 スクリプト作成段階で自動化できないことがわかった

　データ駆動型テストの自動化の難易度の高い理由は、テストの実施手順の中で1つでも自動化できない点があれば、すべて自動化できない点です。計画や設計段階では問題なさそうに考えて進め、スクリプトの作成段階で自動化できなくなるということがあります。どうしても自動化できない場合には、自動化をあきらめることになってしまいます。

自動化できないことも問題ですが、工数短縮をしようと考えて進めた自動化作業の時間が無駄になることが、大きな問題です。こういったことにならないためには、ツールを熟知し自動化するための方法を多数知ることや、自動化対象の仕様を裏の仕様も含めて理解することが大切です。こういったスキルは、自動化スキルによるものです。自動化の困難の経験を増やし乗り越えていくしかありません。

⟫ 自動化プロセスの流れを押さえる

第 3 章で説明した 4 つのプロセスをもとに、データ駆動型テストの自動化の進め方を大まかに押さえておきましょう。以降の節では、導入の事例を挙げながら、どのように進めていくか解説します。

（1）テスト計画
- 試験内容から自動化の方針を決める
- その方針を実現できる自動化ツールを選定する
- 工数を見積もり、手動の場合と比較して、自動化の有用性を示す

（2）テスト設計
- テスト方針を設計する
- 必要なデータを作成する
- 試験項目を作成し、自動化の処理の流れ、スクリプト構造などを検討する

データの作成は、PictMaster で自動化して、評価にかかる工数を極力抑えることが可能です。

（3）スクリプト作成、試験実施

- 設計した内容に沿ってスクリプトを作成する
- スクリプトをまとめて実施し、結果を確認する

（4）振り返り

- 全体を通して振り返りをおこなう
- テスト計画時に出した見積もり工数との比較や、スクリプトを実施した際に発生した問題点を出し、解決策を検討する
- 自動化の目的である工数削減が達成できたか確認する

4-2

テストを計画する

▶ 自動化する試験を決定する

データ駆動型テストの自動化をする試験を決定します。データ駆動型テストの自動化は、同じ処理をデータ数だけ内容を変えて入力するため、あてはまるテストは限定的です。ここで注意する点は、データ駆動型テストがあてはまるからといって、無理やり自動化を進めないことです。あくまで優先度の高い試験を自動化しなければなりません。

4-1 節で挙げたデリバリーシステムの例では、「注文の組み合わせによって金額の計算にまちがいがないか」という点が試験で重要です。注文する種類や数が多ければ、その組み合わせの数も膨大になり、人間系での試験は不可能となります。

設定項目や数が膨大なシステムや、膨大な計算パターンのあるシステムなどのテストを手動でおこなった場合、膨大なくり返し作業の負担からミスが多発して、計算結果の精度が落ちてしまいます。金額など数字を扱うシステムでは、このようなテストミスは大きな問題でしょう。重要な試験だからといって実施者を増やしても、ソフトウェアをリリースするたびにその試験に注力していては、ほかの試験を実施する余裕がなくなります。

≫ スクリプトの処理概要をまとめる

データ構造や画面遷移、実施結果の判定方法、結果出力方法など、自動化

する処理をまとめます。

≫ 自動化するテスト内容をまとめる

　組合せテストであれば、どのような目的の試験をおこなうのか、テスト内容を作成します。

≫ 使用するデータ

　データは入力する画面にも影響が発生します。具体的にデータを作成するのは設計フェーズですが、計画段階でどのようなデータを作成するのか方針をまとめる必要があります。

≫ 自動化処理の概要を作成する

　自動化の処理でのデータを入力する画面、処理内容、実施の結果判別、実施結果の出力先などをまとめます。処理フローは以下の図のとおりです。

📍 **自動化処理のフローと動作の概要図**

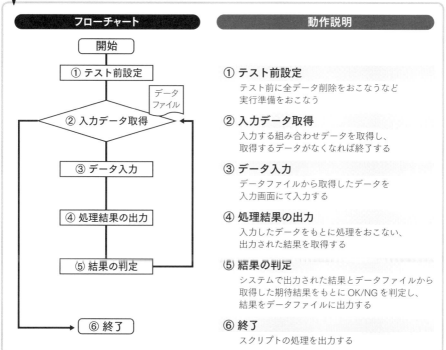

ツール選定

　データ駆動型テストの自動化で最も重要なのがツール選定です。スクリプト作成の段階で決めたツールが使えないことがわかってしまうと、テストそのものの自動化が不可能になってしまいます。テスト計画の段階で慎重にツールを決め、実際に自動化できるめどを立てておく必要があります。

　ツール選びで必要な基準は以下の 2 つです。

≫ 自動化するテストの一連の流れで、必要な機能がすべて使えるか

　データ取得から試験実施、結果確認まで、一連の流れをすべて自動化できるツールか確認します。作業を進める途中で1つでもできないことが判明すると、すべてが無駄になります。ツールの見極めは準備段階で完了させておかなければなりません。特に重要なのは、取得するべきすべての情報が、その自動化ツールで取得できるかどうか確認することです。

≫ 連続運転ができるか

　大量のデータの入力をする場合、長時間の連続運転になるため、ツール自体に耐久性があるかも確認しておく必要があります。実施の場面によりますが、一般的に10時間の連続運転に耐えられれば十分です。

　以上の選定基準で有効なツールの例を挙げると、Autoit（無償ツール）がおすすめです。このツールはExcelファイルに読み書き可能なので、テスト結果を自動でExcelファイルに書き込み、結果の確認工数も削減できます。また、実行ファイルを作成できるので、インストールしていない環境でも試験が可能です。無償ツールなので、ライセンス縛りもなく、複数環境でも同時に試験可能です。

> **現場の失敗例** **自動化したい処理内容が実際に自動化できるツールがなかった**

　データ駆動型テストの自動化では、試験に必要な一連の手順すべてを自動化できなければ無駄になります。処理内容が本当に自動化できるか、計画段階で実際に自動化ツールを使って検証する必要があります。データ駆動型テストの自動化では、計画段階から自動化できることを確認しておかなければ

ならない点で、導入の難易度が高くなっています。

　難しい点は、使える自動化ツールを探すことです。せっかくデータを準備しても、自動化できるツールがなければ意味がありません。自動化ツールを熟知しテスト内容に合致したツールを選定する技術が必要です。

現場の失敗例　ツールを選ぶときにコストを考えていなかった

　自動化ツールを選定する際によくある失敗です。ツールを選ぶ際に、「実施した経験があるから」という理由でツールを選んでしまうことがよくあります。使ったことのあるツールはどのような機能があるかすでにわかっているため、自動化も導入がしやすいです。

　しかし、それが無償ツールであればよいですが、有償ツールであれば問題です。有償ツールは機能が充実していて自動化しやすいですが、自動化によるコスト削減に見合ったツールなのか確認しなければなりません。無償ツールで自動化できるテストであれば、無償ツールを選ぶに越したことはないでしょう。

　データ駆動型テストの自動化では、無償ツールのほうが有効な場合が多いです。有償ツールは機能が充実しているためか、処理が遅くなる傾向があります。ただ単に自動化できるからといって、その有償ツールを選んではいけません。

　自動化ツールのコストも、削減できるなら削減しなければなりません。有償ツール、無償ツールそれぞれの良さを理解し、コスト面も考えてツールを選べるようになれば、立派な自動テスト担当者です。

作業内容と工数を比較する

　計画段階で手動テストと自動テストの作業内容や工数を書き出しておくことが重要です。

　自動テストと手動テストの作業内容と工数を以下の表にまとめてみました。手動・自動ともに、テスト計画、テスト設計を1からおこなった状態を前提としています。

📍 **手動テストと自動テストの作業内容と工数表**

No	作業項目	作業内容	自動化工数	手動工数
	【テスト計画】			
001	テスト内容検討	自動化するテスト内容を検討	1.0 人日	
002	自動化ツールの検証	作業に適したツールを検証し選定する	5.0 人日	
003	テスト計画書	手動で実施するためのテスト計画を検討	3.0 人日	3.0 人日
	【テスト設計】			
004	テスト設計書作成	テスト設計書の作成	8.0 人日	8.0 人日
005	データ項目洗い出し	組合せ技法の因子水準表の作成	4.0 人日	4.0 人日
006	データ作成	洗い出した項目でデータを作成	2.0 人日	2.0 人日
007	自動化詳細設計書作成	自動化の処理フローの作成	5.0 人日	
008	評価項目作成	組み合わせデータを用いて試験項目作成		5.0 人日
	【スクリプト作成】			
009	スクリプト作成	自動化のスクリプト作成	5.0 人日	
	【実行確認】			
010	スクリプト実行	スクリプトの実行	1.5 人日	
011	結果確認	実行結果の確認	0.5 人日	
012	試験実施	試験項目に基づき試験実施する		20.0 人日
	【完了報告】			
013	振り返り	テストの振り返り	3.0 人日	3.0 人日
	合計		38.0 人日	45.0 人日

　また、表での作業内容をおこなった際の工数比較をグラフにしました。

 手動テストと自動テストの工数比較グラフ

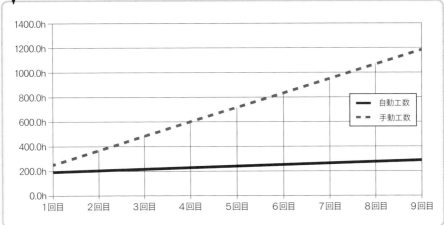

それぞれのテストについて、工数の特徴は以下のようになります。

» 自動テストの工数

700 件のデータを用いたデータ駆動型テストの自動化の試験工数では、1
回目から自動化の工数が手動に比べて低くなっています。2 回目以降に発生
する工数も、メンテナンス工数と実施準備と結果確認のみで、0.5 人日もあ
れば対応可能になります。

実施に関しては、夜間の実施で PC の稼働時間は発生するが、人間の工数
は無いため非常に効率的です。

» 手動テストの工数

手動での評価は、毎回同じだけの工数がかかってしまうため、自動化に比
べ非効率です。また、手動で実施する場合、件数が多いため実施者にとって
負担が大きく、ミスが発生する可能性が高いです。

テスト計画、設計までは自動化の工数と変わりませんが、実施工数は自動化に比べて多くなります。

電卓アプリで自動テストを実践する

Windows に搭載されている電卓アプリの計算処理を評価対象として、実際に自動化の流れを見てみましょう。

品質の問題点は以下のとおりです。

- 計算処理に変更が入った場合に数字ずれが発生する可能性があり、周辺確認が必要
- 周辺確認の工数が膨大で、人を割り当てるとほかの試験に人を回せる工数が無い
- 今のままでは計算処理以外にほかの機能の品質確保も難しい
- 周辺確認は単純作業でかんたんすぎるため、人をほかの作業に回したい

これらの問題は、自動テストを導入することで解決できます。アプリのバージョンアップ前と後で同じデータに対する計算結果を比較して、デグレが無いことを自動テストで確認しましょう。

導入する自動テストは、データ駆動型テストです。データ作成は、PictMaster を用いることで効率化させられます。

自動テストを導入するポイントは、以下のとおりです。

- 周辺確認する入力パターンはオールペア法を用いて作成する
- 入力パターンは PictMaster を用いて自動でデータを作成する

- 作成した入力パターンを自動で入力し計算処理し、結果をファイルに出力する
- 計算結果の OK ／ NG の確認方法は、バージョンアップ前と後の結果を比較し差分があるかで結果を判断する
- ツールで処理をおこない計算ミスをなくす
- すべての手順を自動でおこなう

テスト計画でおこなう各内容は、以下のようになるでしょう。

（1）自動テストの方針検討

電卓の計算処理を修正するたびに、周辺確認に工数がかかっており、人間の作業では項目数の多い単純作業で工数がかかってしまいます。また、単調な作業のためミスが発生するという問題があります。

データ駆動型の自動テストを導入することで、データ入力と計算処理、結果の書き込みを自動化し、大量のパターンの自動テストを可能にします。入力するデータはファイルから取得しているため、データを変更する際は、ファイルの中身を変更するだけで可能で、スクリプトの変更などは発生しません。そのため、変更による工数を最低限に抑えられます。

結果の妥当性を保証するためには、前回バージョンと現バージョンでの結果の差分を確認することで、デグレを確認します。

処理の概要は以下のとおりです。

処理の概要図

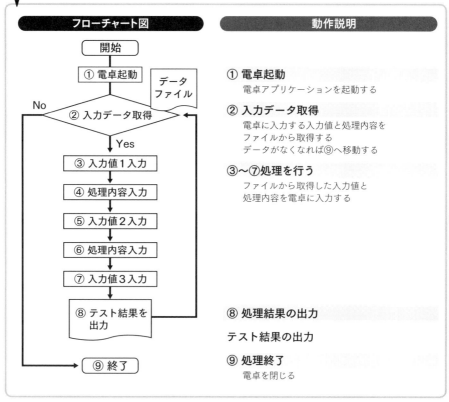

フローチャート図

開始

① 電卓起動

データファイル

No

② 入力データ取得

Yes

③ 入力値1入力

④ 処理内容入力

⑤ 入力値2入力

⑥ 処理内容入力

⑦ 入力値3入力

⑧ テスト結果を出力

⑨ 終了

動作説明

① 電卓起動
電卓アプリケーションを起動する

② 入力データ取得
電卓に入力する入力値と処理内容を
ファイルから取得する
データがなくなれば⑨へ移動する

③〜⑦処理を行う
ファイルから取得した入力値と
処理内容を電卓に入力する

⑧ 処理結果の出力

テスト結果の出力

⑨ 処理終了
電卓を閉じる

（2）しっかりとした試験項目ができているか

今回は導入時にテスト設計からおこなうため、試験項目は事前にありません。テスト設計では PictMaster を使い試験項目を作成を自動化するため、データ作成も自動化して工数を削減できます。

（3）試験の実施回数

電卓アプリのソフトに変更が入った際に実施するため、30回以上を想定

します。

（4）試験は 1 巡目実施済みで不具合がないことを確認

Windows 10 で電卓アプリを使用し、不具合がないことを確認済みです。そのため自動化するうえで問題はありません。

（5）自動化ツールはあるか

Windows の電卓アプリの基本的な動作を自動化できるツールとして、Autoit や UWSC があることを確認済みです。

（6）仕様を知り尽くしているか

電卓への入力方法として、キー入力やボタン入力だけでなく、ペースト操作で入力できることも確認済みです。また、実施結果をコピー＆ペーストできることも確認済みです。

（7）ツールの選定

使用する自動化ツールの候補は、Autoit と UWSC です。今回の自動化内容に適しているかを検証します。

検証する内容は次の表のとおりです。

◆検証内容

確認内容	Autoit	UWSC
電卓の起動／終了操作	◯	◯
ファイルの読み書き	◯	◯
電卓アプリへのデータ入力	◯	◯
計算結果の取得	◯	◯
Windows コマンドの使用	◯	◯
10 時間以上の連続操作	◯	◯

　2 つのツールとも自動化の機能はそろっていて、どちらを選んでも自動化は可能と判断できます。しかし、現在 UWSC は開発者がいなくなり今後のバージョンアップや OS への対応ができない状況になっているため、使用上のリスクがあります。そのため、Autoit が良いと判断しました。

（8）作業工数見積もり

　テスト計画、設計、スクリプト作成、結果確認の工数は以下のとおりです。試験実施は 1 回ぶんの工数です。

📍 自動テストと手動テストの作業工数見積もり

No	作業項目	作業内容	自動工数	手動工数
	【テスト計画】			
001	テスト内容検討	自動化をおこなうテスト内容を検討	1.0 人日	1.0 人日
002	自動化ツールの検証	作業に適したツールの選定	1.5 人日	
	【テスト設計】			
003	テスト設計書作成	テスト設計書の作成	1.0 人日	1.0 人日
004	データ項目洗い出し	組合せ技法の因子水準表の作成	0.5 人日	0.5 人日
005	データ作成	洗い出した項目でデータを作成	0.5 人日	0.5 人日
006	自動化詳細設計書作成	自動化の処理フローの作成	1.0 人日	
007	試験項目作成	作成したデータ1000件を元に試験項目作成		3.0 人日
	【スクリプト作成】			
008	スクリプト作成	自動化のスクリプト作成	0.5 人日	
	【実行確認／試験実施】			
009	スクリプト実行	スクリプトの実行(準備と実行のみ)	0.1 人日	
010	結果確認	実行結果の確認	0.5 人日	
011	試験実施	試験項目1000件の実施		6.3 人日
	【完了報告】			
012	振り返り	テストの振り返り	1.0 人日	1.0 人日
	合　計		7.6 人日	13.3 人日

（9）工数比較

　（8）の作業工数見積もりをもとに、工数を比較します。30回の実施を想定していますが、1回目から自動テストの工数が手動の工数を下回っていることがわかりました。

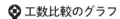工数比較のグラフ

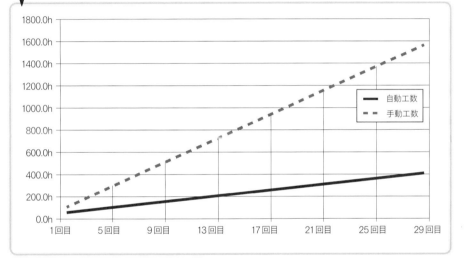

4-3

テストを設計し実行する

▶ テストを設計する

　組合せ試験をおこなうのであれば、試験に必要なデータ（因子と水準）と仕様上設定できない組み合わせを洗い出します。自動／手動にかかわらず、テスト設計の内容は同じです。しっかりとしたテスト設計ができていなければ、自動化しても意味がありません。

▶ 電卓アプリのテスト設計例

　電卓アプリの計算処理に修正が入った際に修正確認をおこないます。大量の設定パターンを確認することで、変更した際に劣化がないことを確認します。

　確認パターンのデータとして、PictMaster を用いて組み合わせデータを作成します。このデータを使ってデータ入力や計算処理をおこなうことで、計算結果がバージョンアップの前後で同じであることを確認し、デグレが無いことを確認します。

▶ データを作成する

　データ駆動型テストでは入力するデータに意味を持たせることが重要です。データの作成方法は、以下の3つがあります。

（1）PictMaster を用いて、組合せ技法のデータを作成する

データ駆動型テストでは、PictMaster で組合せ技法を用いたデータを作成すると効果的です。くわしい使い方はコラムを参照してください。

- PictMaster：https://ja.osdn.net/projects/pictmaster/releases/67538

（2）データベースからデータを抽出する

入力した登録済みのデータを用いて確認する場合などは、データベースからデータを取得する方法が有効です。購入履歴を元にデータ入力をする場合には、登録されているデータベース項目のうち、ユーザー、購入割引金額、購入内容、購入金額などを抜き出してファイルに登録します。

このようなデータ抽出は、作業としては容易でミスも発生しないため、データ駆動型テストの自動化をする際には有効な手段です。

（3）データを自作する

Excel などを用いてデータを作成します。この場合、入力可能なデータか確認する必要があります。

データを人間が自作すると、データの整合性がとれないミスが発生する可能性があります。また、大量データとなるとさらにミスの可能性も高くなります。ミスが発生したときに自動化の処理が止まってしまわないように、エラー判定処理を追加しておくとよいでしょう。

PictMaster を用いて電卓アプリのデータを作成する

　PictMaster を用いてデータを作成し、作成したデータを入力ファイルに使用します。

データの設定例

　◆ パラメータに入力する数値と計算内容を入力する

　この場合、入力値を 3 件、計算内容を 2 件入力し、その入力する値を記載します。

◆ PictMaster のデータ設定画面

PictMaster					v7.0.1J 64 2017/4/5		
大項目No.		大項目名		作成日		実行	分析 環境設定
小項目No.		小項目名		作成者			

Copyright (C) 2008-2017 Iwatsu System & Software Co., Ltd. All rights Reserved.

パラメータ	値の並び
入力値1	1111111,1,2,10,99999999999,1234567890,987654321,123,456,789,1000001
計算内容1	-,/,*,+
入力値2	1111111,1,2,10,99999999999,1234567890,0,987654321,123,456,789,1000001
計算内容2	-,/,*,+
入力値3	1111111,1,2,10,99999999999,1234567890,0,987654321,123,456,789,1000001

制約表

パラメータ	制約1	制約2	制約3	制約4	制約5
入力値1					
計算内容1					
入力値2					
計算内容2					
入力値3					

　設定した値をもとにデータを出力した結果の抜粋は以下のとおりです。PictMaster を使用すれば、オールペア法のパターンが自動で作成されます。

◆出力結果の抜粋

No.	入力値 1	計算内容 1	入力値 2	計算内容 2	入力値 3
1	1	-	789	-	99999999999
2	1	-	1111111	-	99999999999
3	1	-	99999999999	/	987654321
4	1	*	0	/	2
5	1	*	1	-	1
6	1	/	2	*	10
7	1	/	123	/	1000001
8	1	/	456	/	1111111
9	1	/	1234567890	-	1
10	1	+	10	*	0
11	1	+	10	+	789
12	1	+	1000001	*	456
13	1	+	987654321	+	1234567890
14	1	+	987654321	+	123
15	2	-	1	-	0
16	2	-	10	*	10
17	2	*	0	/	1111111
18	2	*	123	-	1234567890
19	2	*	789	+	456
20	2	*	1234567890	/	1000001
21	2	*	99999999999	*	1000001
22	2	/	1111111	+	987654321
23	2	/	987654321	*	2
24	2	+	2	+	789

スクリプトの事前条件を設定する

　試験実施する前提条件を決めます。この前提条件は、スクリプトの動作とは別の準備状態です。この状態を決めておかなければ、スクリプトの動作が正しくならない場合があります。

　例にあげている電卓アプリの場合、電卓の設定を「標準」に設定しておきます。電卓の設定には「関数電卓」「プログラマー」など種類がありますが、今回のスクリプトは設定を「標準」で作成するため、実行前に同じ状態にしておかなければ、正しく動作しません。

📍 電卓アプリの設定画面

　また、スクリプトを実施する際は、ブラウザなどの必要ないアプリを起動していない状態に設定しておき、スクリプト実行時に影響がないようにする必要があります。スクリプト実行中にポップアップが表示されてしまうと実行処理に影響するため、事前にそのような設定を確認しておかなければなり

ません。

▶ スクリプトを作成する

　設計した内容をもとにスクリプトを作成します。

　今回の電卓アプリの例で、スクリプトを作成する際に注意したことは以下のとおりです。

- ◆ データの取得ができず、Ctrl + C のコピーで計算結果の値を取得する

　　本来であれば電卓の計算結果をツールで読み取ることができるはずでしたが、今回は読み取れなかったため、Ctrl + C でクリップボードに計算結果を取得するようにしました。

- ◆ 結果取得が Ctrl + C でのコピーのため、実施前のデータクリアをおこなう

　　クリップボードに計算結果を取得するするようにしたため、ミスをなくするためデータクリアを入れるようにしました。

- ◆ 自動化ツールでは×ボタン操作ができないので、Alt + F4 で閉じる操作をする

　　自動化ツールでは本来×ボタンを読み取ることができるはずですが、今回はそれができませんでした。そのため、別の手段として Alt + F4 で電卓画面を閉じるようにしました。

◆ データをボタン入力ではなくキー入力にする

　電卓の数字の入力では、手動でおこなう場合は数字をマウスでボタンを押下します。しかし、自動化ツールでは実行中の PC の負荷状態などにより入力ミスなどが発生する可能性があるので、キーボード入力で数字を入力するようにしました。

◆ 電卓アプリの立ち上げはメニューから起動すると失敗しやすいため、「ファイル名を指定して実行」を使用する

　メニューからのツール起動やデスクトップのショートカットからの起動などは、自動化ツールでは起動に失敗する可能性があります。Autoitで RUN（"calc.exe"）でも電卓アプリを起動させることができますが、今回はそれ以外の方法を使いました。どちらでもミスはなく起動できます。

📍 電卓アプリの自動化ツールでの操作

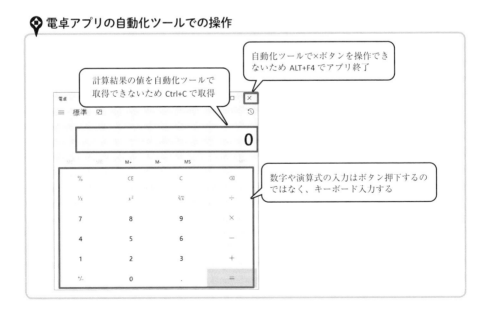

自動化ツールで×ボタンを操作できないため ALT+F4 でアプリ終了

計算結果の値を自動化ツールで取得できないため Ctrl+C で取得

数字や演算式の入力はボタン押下するのではなく、キーボード入力する

　通常の操作手順では自動化できないため、上記の操作をスクリプトで作成し実行しています。自動化する際はミスが少なく、処理がかんたんになるような手順にしなければなりません。

》 スクリプト例

　サンプルとして、これまでの注意点を踏まえたうえで作成したスクリプトを以下に記載します。

```
#include <Process.au3>

Opt("WinWaitDelay",100)
Opt("WinTitleMatchMode",4)
Opt("WinDetectHiddenText",1)
Opt("MouseCoordMode",0)

;CMD を呼びクリップボードをクリアする
_RunDos("echo off | clip")


Sleep(2000)


; 電卓を呼び出す
Send("{LWINDOWN}r{LWINUP}")
WinWait(" ファイル名を指定して実行 ","")
```

```
If Not WinActive(" ファイル名を指定して実行 ","") Then
    WinActivate(" ファイル名を指定して実行 ","")
WinWaitActive(" ファイル名を指定して実行 ","")
Send("calc{ENTER}")

; 電卓にフォーカスを合わせる
If Not WinActive(" 電卓 ") Then WinActivate(" 電卓 ")
WinWaitActive(" 電卓 ")

Sleep(4000)

; 入出力ファイルを準備する
$Infile = FileOpen(@ScriptDir & "\inputfile.csv",
    0)
$Outfile = FileOpen(@ScriptDir & "\Outputfile.csv",
    2)

; 出力ファイルの項目名を記載する
FileWrite($Outfile, "Result" & @CRLF)

; 読み込みするファイルのデータをすべて読み込むまで処理をくり返す
While (1)

    ; 入力データがなくなればループを抜ける
    $line = FileReadLine($Infile)
```

```
   If @error = -1 Then ExitLoop

;取得した行をコンマ区切りに分け、配列に格納する
$palam = StringSplit($line, ",",1)

$i =1

while ($i <7)

    If $palam[$i]="+" then
        Send("{NUMPADADD}")

    ElseIf $palam[$i]="-" then
        Send("{NUMPADSUB}")

    ElseIf $palam[$i]="*" then
        Send("{NUMPADMULT}")

    ElseIf $palam[$i]="/" then
        Send("{NUMPADDIV}")

    Else
        Send($palam[$i])

    EndIf
```

```
        Sleep(500)

        $i= $i +1

        if $i = 6 Then
                ExitLoop
        EndIf

    WEnd

    ;Enter キー押下し電卓の計算を確定させる
    Send("{ENTER}")
    Sleep(500)

    WinWaitActive(" 電卓 ")

    ;計算結果をコピー (Ctrl + C) で取得する
    Sleep(500)
    Send("{CTRLDOWN}{c}{CTRLUP}")
    $OutData=ClipGet()

    ;コピー&ペーストの操作では値が取れない場合が多いので取得で
    きるまでくり返す
    While ($OutData ="")
        WinWaitActive(" 電卓 ")
```

```
        Send("{CTRLDOWN}{c}{CTRLUP}")
        $OutData=ClipGet()
    WEnd

    ; 計算結果をファイルに書き込む
    FileWriteLine($Outfile, $OutData & @CRLF)

    ;CMD を呼びクリップボードをクリアする
    _RunDos("echo off | clip")

WEnd

; 入出力ファイルを閉じる
FileClose($Infile)
FileClose($Outfile)

; 電卓を閉じるためにフォーカスを合わせる
WinWait(" 電卓 ")
If Not WinActive(" 電卓 ") Then WinActivate(" 電卓 ")
WinWaitActive(" 電卓 ")

; 電卓ダイアログを閉じて終了する
Send("{ALTDOWN}{F4}{ALTUP}")
```

現場の失敗例 確認するデータパターンをソースコードに記載する

　データ駆動型テストの自動化の特徴は、入力するデータパターンをファイルから取得することです。こうすることで、データの変更が容易になるというメリットがあります。テストするデータパターンは変更しない、もしくはほかのデータパターンで確認する必要が無い、ということはほぼありません。

　この現場の失敗例では、ソースコードに直接入力するデータを記載していて、データ変更があった際にメンテナンスコストが大きくなってしまい、結果としてテスト自体が運用されなくなりました。

　ソースコードに直接書いてしまうと、修正できるのはスクリプトを作成した当人のみとなり、担当者が変わってしまうと運用がされなくなってしまうリスクが上がります。

　しかし、ファイルにデータをまとめると、データ変更の際にソースコードを変更する必要が無くなり、運用の難易度が大きく下がります。また、かんたんにデータを変更できるため、さまざまなデータパターンを試せるので、品質向上にもつなげられます。

　データの作成には、PictMaster を使用すればかんたんにデータパターンを作成できて、効率も大きく向上します。

⟫ スクリプトを実行する

　スクリプトを実行して、問題ないことを確認するフェーズです。スクリプトの処理が正しく動作するか、大量データを実行させても問題が発生しないか、実際にスクリプトを実行させて確認します。

今回の電卓アプリのテスト例では、実施結果は以下のようになりました。

📍 実施結果の抜粋

Result
-100000000787
-100001111109
-101
0
0
5
0
0
-1
0
10790
456000912
9876543211234560
987654321124
1
-80
0
-1234567644
1578912
2469
200000199998000000
0
0
2791
458
668
-99998999996

　実施した結果をバージョンごとにまとめておきます。新しいバージョンが出た際には、過去のバージョンの結果を比較して結果が変わっていないことを確認すれば、確認する工数を大きく削減できます。

　Excelを使えば、結果に差分があるかは数式でかんたんに確認できます。

また、実施する件数が大きくてもかんたんに結果が確認できることも、データ駆動型の自動テストの利点です。

　もし、データを変更する必要があれば、過去バージョンと確認バージョンの2つのバージョンで実行し、結果を比較すれば、かんたんにデグレを確認できます。人間の手作業がほぼ無いため、非常に効率的です。

コラム　PictMaster の使い方

　第4章では、組み合わせデータを自動で作成できるツールとして、PictMaster を紹介しました。ここでは、PictMaster について、くわしい使い方を説明します。

》因子と水準を用意する

　まず、組み合わせる因子と水準をそろえます。因子は設定する項目、水準は因子の中の設定値です。

◆因子と水準

因子	水準
車体	セダン、クーペ、ワゴン、SUV
車体の色	白、黒、赤、青、グレー
エンジン	660cc、1600cc、2000cc、3000cc
シート	ベンチシート、革のシート、ノーマル

》因子と水準を設定する

　因子と水準を以下のように入力します。水準は「,（コンマ）」区切りで入力します。

因子と水準の入力画面

» 組み合わせパターンを出力する

実行ボタンを押すと、自動でオールペア法を用いた組み合わせのパターンが作成されます。

出力された組み合わせパターン

No	車体	車体の色	エンジン	シート
1	SUV	グレー	1600cc	ベンチシート
2	SUV	黒	660cc	ベンチシート
3	SUV	青	3000cc	革のシート
4	SUV	赤	2000cc	革のシート
5	SUV	白	2000cc	ノーマル
6	クーペ	グレー	660cc	革のシート
7	クーペ	黒	1600cc	ノーマル
8	クーペ	青	2000cc	ベンチシート
9	クーペ	赤	3000cc	ノーマル
10	クーペ	白	1600cc	革のシート
11	セダン	グレー	2000cc	ノーマル
12	セダン	黒	3000cc	ベンチシート
13	セダン	青	1600cc	ベンチシート
14	セダン	赤	660cc	革のシート
15	セダン	白	660cc	ノーマル
16	ワゴン	グレー	3000cc	ベンチシート
17	ワゴン	黒	2000cc	革のシート
18	ワゴン	青	660cc	ノーマル
19	ワゴン	赤	1600cc	ベンチシート
20	ワゴン	白	3000cc	ベンチシート

環境設定ボタンを押し、以下の画面を表示させます。「制約表を使用」「制約式を最適化」をチェックし OK ボタンを押します。

❖ 環境設定画面

　OK ボタンを押すと制約表が表示され、その中に設定した因子が表示されます。この制約表に条件を設定することで、設定したパターンが出力されます。

» 制約条件を設定する

　車体がワゴンの場合、ベンチシート以外を設定します。このように設定すると、作成されたデータパターンにワゴンの場合、ベンチシートの組み合わせが作成されなくなります。if 条件にはセルの色を塗り、# をつけるとその水準以外という条件になります。

❖ 制約表の画面

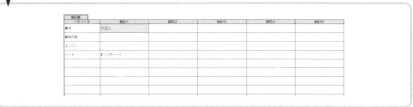

この条件で実行ボタンを押すと、設定した条件をふまえた組み合わせパ

ターンが作成されます。

📍 制約条件をふまえて出力された組み合わせパターン

車体がワゴンの場合、シートがベンチ
シートの組み合わせが作成されない

　このように PictMaster を使うことで、かんたんに組み合わせを作成でき
ます。データを変更する場合も、設定を変更するだけなのでかんたんです。

4-4

テストを振り返る

計画に対する実績を検証する

　テストの振り返りで検証する内容は、第3章でも説明したとおり以下のような内容です。

- 計画していた削減工数と実績の工数との比較
- スクリプト実行時に発生した問題と対策について
- スクリプトに追加が必要な共通機能の検討と導入
- さらに工数削減をおこなうにはどのような対策をすればよいか案を出す
- 事前に出した懸念は解消できたか確認する
- 実装した自動化が有効だったか検証する

　データ駆動型テストの自動化は、スクリプトが1つであるため、問題が発生しにくく振り返る内容も多くありません。しかし、導入するメリットが大きいため、次に横展開できる内容を検討するとよいでしょう。

電卓アプリのテスト振り返り

　自動テストで実施した結果、実施1回目から手動のテストより自動テストの工数が低くなり、自動テストの導入が成功しました。テストデータの作成

と試験手順を自動化することで、これまで工数がかかっていた試験を大きく作業工数を削減できました。

また、自動テストでおこなうことで、単調なデータ入力と結果の確認作業の工数がなくなりました。さらに、ツールで実施するためミスがなくなったので、人間での作業よりも高い精度で実施できたといえるでしょう。これまで人間で実施していた作業がなくなったため、ほかの作業に手を回せるようになりました。

データ駆動型の自動テストを導入をしたことで、スクリプトの変更をおこなわなくても、データの変更が可能で、試験をおこなう際に別のデータでも試験が可能になりました。

コラム **おすすめツール「Autoit」**

AutoIt v3 は、Windows GUI と一般的なスクリプトを自動化するために設計されたフリーウェアの BASIC に似たスクリプト言語です。ほかの言語（VBScript や SendKeys など）では不可能または信頼できない方法でタスクを自動化するために、シミュレートされたキーストローク、マウスの動き、ウィンドウ／コントロール操作の組み合わせを使用します。AutoIt も非常に小さく、自己完結型であり、Windows のすべてのバージョンですぐに実行でき、煩わしい「ランタイム」は必要ありません。

Autoit はほかの自動化ツールと比べて自動化できる範囲が広く、無償ツールであることが良いです。また、EXE ファイル化ができることから、インストールしていない環境でも動作させることが可能です。BASIC 言語に似ていることから、ある程度プログラム技術がある人にとってなじみやすいツールです。

動作できる内容は以下のとおりです。

- キーボードやマウスなど、パソコン画面操作の自動化
- ユーザー関数を使って Chrome や Internet Explorer を操作でき、ボタン押下や状態取得、テキストボックスへの入力や情報取得
- パソコン画面の文字、画像、設定値の判別
- Excel や Word、テキストファイルなどのファイルの作成、データの読み込み／書き込み
- 複数アプリケーション間の連携
- 条件分岐による処理もしくはエラー判定処理
- ウィンドウとコントロールで構成されたグラフィカルユーザーインターフェイスの作成
- 画像認識

» Autoit のサンプルスクリプト

Autoit ではいろんな自動化の処理ができます。以下にサンプルのスクリプトを紹介します。

メッセージボックスを使用し「Hello World」とメッセージを表示させる

```
; メッセージボックスに "Hello, world!" と表示させ 10 秒
  後に自動でタイムアウトする。
MsgBox(4096, "自動テスト", "Hello, world!", 10)

Exit
```

「メモ帳」を起動し文字列を入力し、その後「メモ帳」を閉じる

```
Run("notepad.exe")
WinWait("[CLASS:Notepad]")

ControlSetText("[CLASS:Notepad]", "", "Edit1",
    " 失敗から学ぶ自動化設計 " )

;3 秒待機する
sleep(3000)

; メモ帳を閉じる
WinClose("[CLASS:Notepad]")
WinWaitActive("[CLASS:Notepad]")
```

IE を起動し Google の画面に遷移し、「失敗から学ぶ自動テスト」をテキストボックスに入力し、検索ボタンを押下する

```
#include <IE.au3>

;IE を起動し Google へ遷移する
$oIE = _IECreate ("http://www.google.com")
```

データ駆動型テストの自動化を実践する

```
; テキストボックスに検索する文字列を入力する
$oForm = _IEFormGetObjByName ($oIE, "f")
$oQuery = _IEFormElementGetObjByName ($oForm,
  "q")

_IEFormElementSetValue ($oQuery, " 失敗から学ぶ自
  動テスト ")

; 検索ボタンを押下し、検索処理を行う
_IEFormSubmit ($oForm)
```

第 **5** 章

順次実行型テストの
自動化を実践する

5-1

順次実行型テストの自動化の全体像

》順次実行型テストの自動化とは

　テストケースに対し自動化する項目を切り分け、自動化対象の試験項目に対し、多くのスクリプトを作成していく手法です。幅広い範囲にさまざまなパターンのテストを自動化できるため、導入も容易です。

　テスト範囲が広く試験項目が多いので、スクリプトの本数が多くなります。そのため、メンテナンスを考慮に入れて設計する必要があります。スクリプトの本数は 1000 を超えることを想定して、しくみを検討すると良いでしょう。仕様変更が多くなる箇所はあらかじめ自動化しないなど、回避策も検討しなければなりません。

　順次実行型テストの自動化で気をつける内容は以下の 3 つです。

- ツールの選定
- 自動化対象の切り分け基準
- メンテナンス効率

　購買管理システムを例に挙げて考えてみましょう。このシステムの機能には、購入業務、見積業務、発注管理、納期管理、検収管理などがあります。これをテストする場合、入力チェック、画面遷移、機能動作確認、設定値保持、表示確認、状態遷移のテスト観点があり、テストケースにすると数万を

超えます。すべてのテストケースを自動化すると、テストの終わりが見えないうえ、何度も実施する必要のない優先度の低いテストケースも自動化してしまい非効率です。

そのため、自動化する優先基準が必要です。たとえば、次のような基準です。

- 各機能の基本動作を最優先する
- 次にミスが致命的な金額に関連するケースを優先する

自動化する優先基準を決めても、自動化するテストケースは数千を超えます。そのため1度に作成するのではなく、この優先順位をもとに、2か月単位で自動化する内容を決めて、スクリプトを作成していきます。

この2か月単位で作業をおこなったあと、フェーズごとに振り返りをおこない、メンテナンス効率やスクリプト作成効率などを改善していく必要があります。

◆2か月単位の作業イメージ

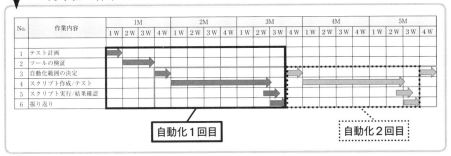

自動化するとどんなメリットがあるのか

順次実行型テストの自動化には、以下のようなメリットがあります。

- 幅広い機能を自動化できる
- 複雑な手順の試験項目を自動化できて、実施ミスや工数を削減できる
- 実施結果をファイルに書き込む処理を入れれば、結果確認の工数も削減できる
- 数千を超える大量のテストケースを自動化できる

順次実行型テストの自動化は、データ駆動型テストとは異なり、多くの試験を自動化できます。複雑な手順の処理や人間ではミスを招いてしまうような計算処理でも自動化できるため、導入が容易です。数千を超えるような試験項目を自動化できます。

実施結果を自動でテストケースに入力するような処理をスクリプトに入れれば、自動化した試験項目についてはほぼ人間の手がかかりません。もし、自動結果確認のしくみを入れなければ、スクリプト数が増えた場合に運用できなくなります。

テスト計画前に整理する内容を押さえる

自動化導入の際には、計画前に以下の点を整理しておきましょう。

- スクリプト数はどの程度にするか（試験項目数全体の 30% が目安）

- 自動化する優先順位
- 振り返りをどのタイミングでおこなうか
- 実施する試験の回数はどの程度か
- スクリプト作成の際の共通関数の設計（共通化できる処理はどの程度あるか）
- 実施結果をテストケースのファイルに直接入力できるか
- 手動のテストに比べて試験 1 回あたりの工数削減はどの程度か
- 自動化するにあたり不具合が多くないか（不具合があれば自動化できない）

　順次実行型テストの自動化で注意する点は、スクリプト数が数千を超えた場合でも運用できるルールを最初に決めておくことです。スクリプトを作成した後にスクリプトの機能を追加、もしくはスクリプト名の変更などをおこなうと、それだけで大きな工数になります。自動化の目的は工数削減のため、手戻り工数は致命傷です。

　少しでも手戻り工数を減らすため、以下のような運用にしなければいけません。

- 最初にルールを決めておく
- 必要な共通関数を決めておく
- 2 か月程度の期間を決めて少しずつ自動化していく　など

　また、自動化する試験項目の優先順位も基準を決めておき、一定期間で見直す必要があります。1 つの優先順位でスクリプト作成を半年間に一度に進めてしまうと、その半年で優先順位が変わってしまっていることがあります。

優先順位は「デグレの多い機能」「市場不具合の内容」「顧客の優先機能」などがあります。2か月程度の期間で優先順位を見直し、新鮮な優先順位で自動化していくことで、意味のある試験をおこなえます。

≫ 自動化プロセスの流れを押さえる

　第3章の4つのプロセスをもとに、順次実行型テストの自動化プロセスを大まかに押さえておきましょう。

（1）テスト計画

- ◆ 試験内容から自動化の方針を決める
- ◆ その方針を実現できる自動化ツールを選定する
- ◆ 自動化する項目を切り分ける
- ◆ 工数を見積もり、自動化と手動の工数を比較して自動化の有用性を示す
- ◆ 事前にリスクを洗い出し、対策を検討しておく

（2）テスト設計

- ◆ 自動化する際に手戻りが発生する要因を検討し、リスク回避をおこなう
- ◆ 必要な共通関数を設計する
- ◆ 自動化対象範囲を決める

（3）スクリプト作成・実施

- ◆ あらかじめ検討していた共通関数を作成する
- ◆ そのほか試験項目のスクリプトを作成する
- ◆ スクリプトを実行する

- 作成したスクリプトをまとめて実施し、結果を確認する
- 自動化しなかった残りの項目を手動で実施する

(4)) 振り返り

- 全体を通して振り返りをおこなう
- テスト計画時に出した見積もり工数との比較やスクリプトを実施した際
  に発生した問題点を出し、解消する
- 自動化の目的である工数削減が達成できたか確認する

5-2

テストを計画する

自動化の方針を明確にする

　順次実行型テストの自動化は対象が広いため、一般的にはほとんどの自動化が可能です。この段階では、作成済みのテストケースを分析し、その中で自動化が必要と考えるテストケースを選定します。

　自動化可能な範囲はテストケースのほとんどですが、すべて自動化すると非効率になるため、自動化する比率は30％程度が妥当です。自動化できる項目をすべて自動化すれば、70％程度まで引き上げることは可能ですが、優先度の低い試験に工数をかけて自動化しても意味がありません。

　自動化比率を高めても、メンテナンスが発生した際には余計な工数が発生し非効率です。自動化比率30％を目指すのではなく、あくまで優先順位で試験を切り分けていくと、大体30％になると考えましょう。優先するべきテストを抜粋した場合に30％を超えるのであれば、それは問題ありません。

現場の失敗例 自動化比率を 100％にしてしまった

　実際に、100％自動化を目指して効率化を図ることを目的にしている現場がありました。100％自動化はできなかったようですが、この現場は計画を大きくまちがえています。

　自動テストはスクリプトで作成したテスト項目以外の確認はできません。

人間であれば気づく不具合も、自動テストでは見逃してしまいます。試験の
すべての試験項目を自動化し、人間系の試験をおこなわないとすると、不具
合を見逃してしまいます。すべて自動化するのではなく、人間の手で確認す
る試験を必ず入れるようにしましょう。

　そもそも、自動化率100％にすること自体、メンテナンスやスクリプト作
成工数などの面で非効率なので、おすすめできません。すべて自動化するの
ではなく、試験の目的を考えたうえで自動化するかを検討する必要がありま
す。

「デグレを確認する試験は自動テストで」「品質を上げる試験は人間で実施
する」と、試験を切り分けて自動化することが大事です。自動化すればよい
ということではありません。

自動化の進め方を決める

　順次実行型テストの自動化ではスクリプト数が数千を超えます。1度にす
べてのスクリプトを作成するのではなく、1回のスクリプト作成期間を決め、
分割して作成しなければなりません。

　特に最初に自動化する場合は、どこにリスクが潜んでいるか不透明です。
作成後に1度振り返りをおこない、作成したスクリプトの見直して修正箇所
を検討する必要があります。この修正の対象スクリプト数が多くなると工数
が大きくなるため、2か月程度で1回見直しするようにすればよいでしょう。

　また、後で説明する自動化の切り分け基準も2か月程度で見直し、常に新
鮮な優先順位にしておく必要があります。

　さらに、共通関数の作成、試験結果のテストケースへの自動入力など、ど
のように自動化するかなども検討しておかなければなりません。

１度にすべての試験を自動化する

　自動化する試験対象すべてについて、１度に半年かけてスクリプトを作成
した現場がありました。作成したスクリプトはその時は正しく実行できたも
のの、その後に発生した仕様変更でスクリプトの修正が発生してしまいまし
た。結果として、修正工数が膨大すぎて修正できず、半年かけて作成したス
クリプトすべてが使えなくなってしまいました。

　１度に作成せず、少しずつ作成したメンテナンスが発生した際の対策に気
づくことができれば、仕様変更にも対応できたと考えます。特に１度に作成
するのではなく２か月程度でスクリプトを作成し、振り返りをおこないリス
ク低減していかなければなりません。

　自動テストにはリスクがどこに潜んでいるか最初はわかりません。小さく
始めてリスクを少しずつ潰していくことが、成功への鍵です。

自動化する箇所を明確にする

　テスト計画の段階で、自動化箇所を明確にする必要があります。自動化選
定基準を作成し、自動化するテスト項目を洗い出す作業が必要です。

　まず、試験の基準を作成する前に、どのような観点の試験項目があるかを
書き出していきます。

　なお、ここから挙げる切り分け方法や基準の内容は一例となります。シス
テムテスト全体を自動化する場合に試験項目数が多いため、テスト観点別に
優先度を作成して自動化する基準を作り、自動化する項目を選定します。

◆試験項目の例

テスト内容	詳細
表示確認	表示項目を確認する
初期値確認	初期値を確認する
設定値反映	設定した情報に対し、ほかの内容が正しく反映されることを確認する
エラーチェック	入力チェックやエラーチェックのメッセージを確認する
機能動作確認	基本的な条件で動作するか確認する
設定値保持	画面遷移時や処理実行時に設定した情報が設定されているか、データの受け渡しができているか確認する
組合せ試験	入力データを組み合わせておこなう試験。規模は大きくない程度のテスト項目

» 自動化の切り分け基準を作成する

次に、試験の自動化する際の切り分け基準を作成します。この工程では、自動化するべき観点を書き出していきます。

◆切り分け基準の例

切り分け基準	詳細
仕様変更	仕様変更の頻度の基準。仕様変更が多い場合、スクリプト修正が発生するので自動化には向かない。
自動化有用性	自動化の有用性の基準。手動でおこなうより自動化ツールを用いたほうが良い場合は、自動化したほうが良い。
重要度	テストの重要度の基準。重要度が高いテストはテスト回数が多いので、自動化することで大きな工数削減となる。
使用頻度	ユーザーの使用頻度の基準。使用頻度が高い箇所は、自動化してテストを何度もおこなう必要がある。
スクリプト作成工数	スクリプト作成工数の基準。作成工数が少なければ自動化するメリットが大きい。
テスト複雑度	テストの複雑さの基準。複雑なテストほど、自動化すれば人間の作業に比べ工数を削減できる。

≫ 試験項目に点数をつける

　次に、テスト内容と切り分け基準を表にし、試験項目に対して点数をつけていきます。この場合、点数が高い項目を優先的に自動化していきます。点数のつけ方については、不具合やデグレの多さ、顧客の品質要求の高い機能、注目度の高い機能などから基準を作成していくと良いです。この基準は評価対象によって異なるため、評価するシステムに合わせて基準を作らなくてはなりません。

📍 試験項目の点数づけ例

画面名	テスト内容	自動化範囲の切り分け基準						総合得点	自動化対象
		仕様変更	自動化有用性	重要度	使用頻度	スクリプト作成工数	テスト複雑度		
登録画面	表示確認	5点	3点	5点	5点	1点	5点	24点	○
	初期値確認	2点	3点	1点	3点	3点	2点	14点	
	設定値反映	1点	2点	1点	2点	2点	2点	10点	
	エラーチェック	2点	5点	3点	3点	5点	5点	23点	○
	機能動作確認	3点	4点	5点	5点	3点	3点	23点	○
	設定値保持	1点	2点	2点	2点	2点	2点	11点	
検索画面	表示確認	5点	1点	1点	1点	1点	1点	10点	
	初期値確認	2点	3点	1点	3点	3点	2点	14点	
	設定値反映	1点	2点	1点	2点	2点	2点	10点	
	エラーチェック	5点	5点	1点	3点	5点	3点	22点	○
	機能動作確認	5点	4点	5点	5点	3点	3点	25点	○
	設定値保持	1点	2点	1点	2点	2点	2点	10点	
金額計算画面	表示確認	5点	1点	1点	1点	1点	1点	10点	
	初期値確認	2点	3点	3点	3点	3点	2点	16点	
	設定値反映	1点	2点	3点	2点	2点	2点	12点	
	エラーチェック	2点	5点	5点	3点	5点	5点	25点	○
	機能動作確認	5点	4点	5点	5点	3点	5点	27点	○
	設定値保持	1点	2点	1点	2点	2点	2点	10点	

⟩⟩ ツールを選定する

　自動化ツールを決めるのは、自動化する対象を決めたこのタイミングです。対象を自動化できるか確認し、実現可能なツールを選定します。ただテストケースを自動化できるかどうかだけでなく、共通関数の作成やテストケースへの自動結果入力など、メンテナンス性や結果確認工数の削減も考慮しなければいけません。

　機能テストの自動化で選ぶべきツールは、以下の 2 つの要素を押さえたものが良いです。

- 多機能で自動化する範囲が広い
- スクリプト数が多くなっても管理がしやすい

　特に、管理のしやすさは重要です。順次実行型テストの自動化では、スクリプト数が数千になることも多く、管理しにくいツールを選んでしまうと、自動化担当者が変わった場合に、十分に引き継げなくなってしまいます。高価な有償ツールになることもありますが、購入するべきです。

　基本的には、使用する自動化ツールは 1 つです。そのため、1 つのツールですべての自動化ができるツールを選ばなければいけません。複数の有償ツールを使い分けて自動化してしまうと、ツールの購入金額だけで大きなコストが発生するため、コスト削減を目的とする自動テストの意味がなくなってしまいます。もし、決めた有償ツールで自動化できないテストケースが出てきた場合には、無償の自動化ツールを使用するか、そのテストケースは自動化しないという決断をおこなわなければなりません。

スクリプト作成中に自動化できないテストケースが発覚するようなことが無いように、ツールを選定する段階でどのようなテストがあり、ツールにはどのようなものが自動化できるか把握しておかなければなりません。

　ツールの選定は、初心者には難易度が高いものですが、ある程度経験を積めば自然と知識がついてきます。ツールを選定するためのチェックするポイントは、ツールや自動化対象が変わっても同じようなものです。

現場の失敗例　コストを抑制だけを考えて無償ツールを選んだ

　自動化できるから、コストが安いからという理由だけで無償ツールを選んでしまうと、スクリプトの件数が多くなってから管理できなくなるリスクがあります。そうなると、これまで工数をかけて作業したものがすべて無駄になってしまいます。

　そのため、値段が高くても有償ツールを選択する必要があります。有償ツールでは、スクリプトの管理がしやすいツールが多く、自動化の運用も容易です。

　また、ツールの使い方が難しい場合は、自動化担当者が変わった場合に使えなくなり、自動化の運用が止まってしまうこともあります。有償ツールは自動化するための機能がそろっていて、非常に使いやすくなっています。機能テストの自動化では、有償ツールを使って自動化することが成功の鍵です。

現場の失敗例　使用している自動化ツールがサービス停止に

　有償ツール、無償ツールにかかわらず、自動化ツールは未来永劫サービスが続くことはありません。突然サービスが停止し、新しいOSに対応しなく

なることもあります。サービスが停止してしまうと、これまで作成したスクリプトが使えなくなります。

　こういったサービスが停止されることは予期できませんが、もし発生した場合には、別のツールで新たにスクリプトを作成し直す必要があります。その場合には、自動化の運用を見直し、必要なスクリプトのみ新たに作成し直すなどしなければなりません。

　サービスが停止されることの回避策はありませんが、自動化ツールのサービスが停止してしまうということは、1 つのリスクと考えておく必要があります。

▶ 工数を見積もり手動と自動化の工数比較をする

　手動と自動での作業内容と工数比較を表にします。作業をおこなう前提として、テスト設計済みで試験項目が作成済みとしています。

試験の前提

* 5000 件の試験項目が作成済み

自動化の方針

* 5000 件の試験項目に対して優先順位を検討し、優先度の高い試験項目の 30%を自動化する
* 残りの 70%は手動で試験をおこなう
* 自動化の詳細設計資料で優先順位、共通項目を洗い出す
* 仕様変更の対応の工数に関しては、スクリプト実行の中のテスト準備に含まれる

◆ 手動テストと自動テストの工数比較例

作業項目	作業内容	自動化工数	手動工数
【テスト計画】			
テスト内容検討	自動テストをおこなううえでの内容検討	1.0 人日	-
ツール検討	自動化の実現させるためのツール選定	5.0 人日	-
テスト計画書作成	テスト計画書の作成	3.0 人日	-
【テスト設計】			
自動化詳細設計書作成	自動化範囲と共通関数の設計	3.0 人日	
【スクリプト作成】			
共通関数作成	共通関数20本作成	5.0 人日	
スクリプト作成	スクリプト約1500本作成	32.0 人日	
【試験実施】			
スクリプト実行	テスト準備とスクリプト実行（1500件）	2.0 人日	
結果確認	実行結果の確認	0.5 人日	
試験実施（自動化）	手動範囲の試験実施（3500項目）	70.0 人日	-
試験実施（手動）	すべて手動での試験実施（5000項目）	-	100.0 人日
【完了報告】			
振り返り	テストの振り返りをおこなう	3.0 人日	3.0 人日
合計		124.5 人日	103.0 人日

　自動化した試験項目で工数比較をおこないます。5000項目の試験に対して30%を自動化し、残り70%を手動のテストをおこなう場合と、すべて手動のテストをおこなう場合の工数の損益分岐点をグラフで示します。手動での試験の生産性は1日に50件、スクリプトは1件あたり30分で作成することとしています。

🔷 工数比較のグラフ

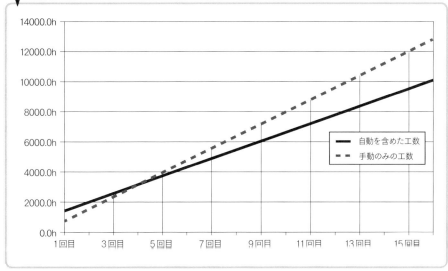

◆ 自動テスト

　初回はスクリプトを作成する必要があるため、手動の評価工数よりも多く工数がかかっていますが、2回目以降はメンテナンス工数のみ発生しています。そのため4回目以降から手動よりも自動化の工数が低くなります。

◆ 手動テスト

　手動の評価は毎回同じだけの工数がかかってしまいます。

　この場合、自動化をする場合は、最低でも4回以上の試験をおこなう計画がなければ、自動化するメリットがありません。しかし、5回実施する計画があるからといって、ただ自動化すると良いというわけではありません。自

動化を導入する場合は、30回以上実施する予定があるなど、実施する回数が多ければ多いほど良いです。そのような試験を見極めて自動化しなければなりません。

手動テストとの工数比較をおこなわない

自動テストが失敗する現場では、自動化すれば工数が削減できると考えており、何度目の実施で工数面で自動化のほうが有効か検証していないケースが多くあります。自動化できるかどうか、という検証のみで自動化に踏み切っているのです。

しかし、その場合、自動化したスクリプトを実行する回数は数回程度であり、工数削減とはなりません。あくまで自動化の目的は工数削減なので、どれだけ工数削減ができるか事前に検証していく必要があります。工数を比較することで、何度実施すれば効率化となるか実施回数がわかります。そうすれば、実際にそれだけの実施されるかといった実施回数の検討もできます。

自動化の際は、手動テストとの工数比較は必ずおこなわなければなりません。

❯❯ Web サイトの評価で自動テストを実践する

Windows に搭載されている InternetExplorer を用いて、「Yahoo! JAPAN」のような Web サイト全般を評価し、実際に自動化の流れを見てみましょう。メイン画面やメール、天気、ニュースなど機能が多いため、評価項目も多く、テストケースも数万となっています。また、運用期間も長く、回帰試験を何度もおこなう必要があります。

品質やテストの問題点は以下のとおりです。

* 基本機能だけでも項目が多く、評価 1 巡をおこなうだけでもテストケースが多い
* 修正が発生すると基本機能だけでも評価工数が大きく発生してしまう
* 回帰試験をおこなうにも何を試験すればよいかわからない
* 自動化する場合、どのような自動化ツールを使用すればよいかわからない
* 回帰試験を工数を抑えて何度もおこなえるようにするにはどうすればよいかわからない
* テストにかける工数を削減したい

これらの問題に対して、自動テストを導入することで問題解決が可能です。

* テストケースに優先度をつけて自動化する項目を切り分ける
* 2 か月ごとに振り返りをおこない、改善することでスクリプトの作成効率やメンテナンスの効率を上げる

自動テストを導入するポイントは以下のとおりです。

* テストケースすべてを自動化するのではなく、30％程度の自動化にする
* 自動化するスクリプト件数が多くなるため、メンテナンス効率を上げるしくみを検討する
* 自動化するテストケースの優先度を決める
* 回帰試験が何回も実施できるしくみを作る
* 定期的に振り返りをおこない改善する

テスト計画の各項目は以下のようになるでしょう。

（1）自動テストの方針検討

　テストケース数が多いため、作成するスクリプトも多くなります。多くなったスクリプトの管理、メンテナンス効率、自動化するテストケースの選定、振り返りによる改善が重要です。

　2か月単位でスクリプトを作成するフェーズを作り、以下のような進め方とします。

- 2か月ごとに自動化する内容を検討し自動化範囲を決める
- スクリプトを作成する
- 作成後に振り返りをおこない改善する

　自動化する項目を選別するには、システムテストのテストケースから優先順位を作ります。選別する基準は、デグレが出てはいけないテストケースです。しかし、自動化する項目は、システムテスト以外に、市場で出てしまった不具合やデグレが出やすい機能などもあります。自動化する箇所の選別する際には、その場面で必要な優先順を考え直す必要があります。

　また、1回目の自動化は、優先順位の高いテストケースをもとに、すべての機能を広く浅く自動化するほうが良いです。なぜなら、自動化できること／できないことを早い段階で洗い出せるためです。作成したスクリプトが少ないうちに対策を考えられるので、メンテナンス工数も少なくて済みます。

（2）しっかりとした試験項目ができているか

　機能テストの自動化をおこなう場合には、テストケース事前に用意し、1

度テストを実施して、不具合が多く出ないことを確認しなければいけません。スクリプト作成中に手順や期待結果の見直しが発生したり、不具合が多く発生すると、スクリプト作成に必要以上の時間がかかってしまいます。

（3）試験の実施回数

Web サイトの運用が長いため、30 回以上を想定します。

（4）自動化ツールはあるか

機能テストの自動化をする場合には、有償ツールが効果的です。広い範囲の自動化をおこなうため、多機能かつ長い期間の運用に耐えられて、自動化担当者が変わったとしても引き継ぎ可能な使いやすいツールが必要です。

（5）仕様を知り尽くしているか

テスト範囲が広いため、自動化担当者はすべての試験に対して仕様を理解している必要があります。仕様を理解していないと、スクリプト作成の工数がかかってしまいます。さらに、まちがったスクリプトを作成してしまい、自動化する意味がないテストになってしまう可能性もあります。

（6）作業工数見積もり

自動テストでおこなった場合と手動でテストをおこなった場合の工数は、以下のようになります。試験実施は 1 回ぶんの工数です。スクリプト作成は何度もおこないますが、基本的には同じ工数です。共通関数に関しては、作り切ってしまえば、新規作成は不要になります。

◆ スクリプト作成1回目に発生する工数（システムテストを優先順位で選別）

No	作業項目	作業内容	作業工数
	【テスト計画】		
001	テスト内容検討	自動テストをおこなううえでの内容検討	1.0 人日
002	ツール検討	自動化の実現させるためのツール選定	5.0 人日
003	テスト計画書作成	テスト計画書の作成	3.0 人日
	【テスト設計】		
004	共通関数の設計	共通関数の設計	4.0 人日
005	自動化範囲決定	優先順位を見直し自動化範囲を決める	4.0 人日
	【スクリプト作成】		
006	共通関数作成	共通関数20本作成	5.0 人日
008	スクリプト作成（通常のテスト項目）	スクリプト約400本作成	32.0 人日
	【実行確認】		
009	スクリプト実行	テスト準備とスクリプト実行	2.0 人日
010	結果確認	実行結果の確認	0.5 人日
	【完了報告】		
011	振り返り	テストの振り返りをおこなう	3.0 人日
	合計		59.5 人日

◆ スクリプト2回目以降に発生する工数（システムテストを優先順位で選別）

No	作業項目	作業内容	作業工数
	【テスト設計】		
001	自動化範囲選定	優先順位を見直し自動化範囲を決める	4.0 人日
002			
	【スクリプト作成】		
003	共通関数作成	共通関数5本作成	0.5 人日
004	メンテナンス	仕様変更などで発生したスクリプト修正	2.0 人日
005	スクリプト作成（通常のテスト項目）	スクリプト約400本作成	32.0 人日
	【実行確認】		
006	スクリプト実行	テスト準備とスクリプト実行	2.0 人日
007	結果確認	実行結果の確認	0.5 人日
	【完了報告】		
008	振り返り	テストの振り返りをおこなう	3.0 人日
	合計		43.5 人日

　2回目以降に発生する工数は、優先順位を見直し、作成するスクリプトを決めます。今回のテストの目的はシステムテストの自動化のため、件数の多

いテストケースから自動化する範囲を決めますが、この優先順位の見直しが重要です。あくまでも、自動化するテストケースは何度も実施する価値のあるもので、デグレが出てはいけないものです。このような考えのもとで、テストケースを切り分けて自動化する範囲を決めていきます。

（7）工数比較

（6）の作業工数見積もりをもとに、手動での試験実施と自動テストでの試験実施の工数を比較します。30 回実施を想定していますが、6 回目から自動テストの工数が手動の工数を下回っていることがわかります。自動テストが有効だと考えられます。

📍 **手動テストと自動テストの工数比較**

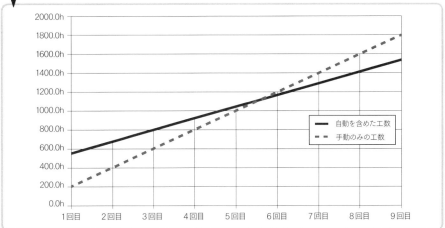

順次実行型テストの自動化の場合、作成するスクリプト数が多いため、初回に大きな工数がかかってしまいます。ですが、作成してしまえばメンテナンス工数以外は発生しないため、自動化すればするほど工数を削減できます。

5-3

テストを設計する

決めた優先順位で試験項目を抽出する

　テスト計画で決めた優先順位に沿って試験項目を抽出します。一度に自動化するのではなく、2か月程度で作成できる量を抜き出して自動化していきます。決まっている基準から自動化範囲を抜き出すため、特に難しいものはありません。

　今回のWebサイトテストの例で、機能別のテスト観点と自動化基準で点数をつけ、切り分けた結果は以下のようになります。2か月の範囲で収まる作業範囲内で優先度の高いテストケースを抽出できました。ここで例に挙げて説明する内容は、システムテストで10回以上実施する必要がある試験について、優先順位を設定して抜粋します。

🔖 初回のスクリプト作成で必要なテストケース

画面名	テスト内容	自動化範囲の切り分け基準						総合得点	自動化対象
		仕様変更	自動化有用性	重要度	使用頻度	スクリプト作成工数	テスト複雑度		
メール	表示確認	1点	1点	5点	5点	1点	5点	18点	
	初期値確認	2点	3点	1点	1点	3点	2点	12点	
	設定値反映	1点	2点	1点	2点	2点	2点	10点	
	エラーチェック	2点	1点	3点	1点	5点	5点	17点	
	機能動作確認	3点	5点	5点	5点	3点	3点	24点	○
	設定値保持	1点	2点	2点	2点	2点	2点	11点	
スポーツ	表示確認	2点	1点	5点	1点	3点	4点	16点	
	初期値確認	2点	3点	1点	3点	3点	2点	14点	
	設定値反映	1点	2点	1点	2点	2点	2点	10点	
	エラーチェック	5点	5点	1点	3点	1点	3点	18点	
	機能動作確認	5点	5点	5点	5点	3点	3点	26点	○
	設定値保持	1点	2点	1点	2点	2点	2点	10点	
ショッピング	表示確認	5点	3点	1点	1点	3点	5点	18点	
	初期値確認	2点	3点	1点	3点	3点	2点	14点	
	設定値反映	1点	2点	1点	2点	2点	2点	10点	
	エラーチェック	1点	5点	1点	3点	1点	3点	14点	
	機能動作確認	5点	5点	5点	5点	3点	3点	26点	○
	設定値保持	1点	?点	1点	2点	2点	2点	10点	
ファイナンス	表示確認	1点	3点	1点	3点	3点	4点	17点	
	初期値確認	2点	3点	1点	3点	3点	2点	14点	
	設定値反映	1点	2点	1点	2点	2点	2点	10点	
	エラーチェック	1点	1点	1点	3点	5点	3点	14点	
	機能動作確認	5点	5点	5点	5点	3点	3点	26点	○
	設定値保持	1点	2点	1点	2点	2点	2点	10点	
メイン画面	表示確認	3点	5点	1点	1点	1点	5点	16点	
	初期値確認	2点	3点	3点	3点	3点	2点	16点	
	設定値反映	1点	2点	3点	2点	2点	2点	12点	
	エラーチェック	2点	1点	1点	3点	5点	1点	13点	
	機能動作確認	5点	4点	5点	5点	3点	5点	27点	○
	設定値保持	1点	2点	5点	2点	2点	2点	14点	
	組合せ試験	5点	5点	5点	5点	5点	5点	30点	○

2回目以降の自動化対象を選定する際には、再度点数をつけ直し、自動化する対象を抽出します。このとき、自動化する切り分け基準の項目の変更もしくは削除・追加などがあれば、反映させます。優先順位を見直したうえで、自動化対象を抜き出さなければなりません。

2回目のスクリプト作成で必要なテストケース

画面名	テスト内容	自動化範囲の切り分け基準						総合得点	自動化対象
		仕様変更	自動化有用性	重要度	使用頻度	スクリプト作成工数	テスト複雑度		
メール	表示確認	1点	5点	1点	5点	1点	5点	18点	
	初期値確認	2点	3点	1点	5点	3点	2点	16点	
	設定値反映	5点	2点	1点	2点	2点	2点	14点	
	エラーチェック	2点	1点	3点	5点	5点	5点	21点	○
	機能動作確認	—	—	—	—	—	—	—	済
	設定値保持	1点	2点	2点	2点	2点	2点	11点	
スポーツ	表示確認	4点	1点	5点	1点	3点	4点	18点	
	初期値確認	2点	3点	1点	3点	3点	2点	14点	
	設定値反映	1点	2点	1点	2点	2点	2点	10点	
	エラーチェック	5点	5点	1点	3点	5点	3点	22点	○
	機能動作確認	—	—	—	—	—	—	—	済
	設定値保持	1点	2点	1点	2点	2点	2点	10点	
ショッピング	表示確認	5点	3点	1点	5点	3点	5点	22点	○
	初期値確認	2点	3点	1点	3点	3点	2点	14点	
	設定値反映	5点	2点	1点	2点	5点	2点	17点	
	エラーチェック	1点	5点	1点	3点	1点	3点	14点	
	機能動作確認	—	—	—	—	—	—	—	済
	設定値保持	1点	2点	1点	2点	2点	2点	10点	
ファイナンス	表示確認	3点	3点	1点	3点	3点	4点	17点	
	初期値確認	2点	3点	1点	3点	3点	2点	14点	
	設定値反映	1点	2点	1点	2点	2点	2点	10点	
	エラーチェック	1点	1点	1点	3点	5点	3点	14点	
	機能動作確認	—	—	—	—	—	—	—	済
	設定値保持	1点	2点	1点	2点	2点	2点	10点	
メイン画面	表示確認	3点	1点	3点	1点	1点	5点	14点	
	初期値確認	2点	3点	3点	3点	3点	2点	16点	
	設定値反映	1点	2点	3点	2点	2点	2点	12点	
	エラーチェック	2点	1点	5点	3点	5点	5点	21点	○
	機能動作確認	—	—	—	—	—	—	—	済
	設定値保持	1点	2点	5点	2点	2点	2点	14点	
	組合せ試験	—	—	—	—	—	—	—	済

　3回目以降も同様の手順で自動化を進めていきます。自動化していないテストケースから優先順位を決めて自動化対象を決めていますが、最終的には自動化する必要のないものが残ってしまうことになります。残ったからと言って自動化しなければならないとは限りません。点数の低いものは自動化しないと決めておく必要があります。優先的に自動化する対象が無ければ、3-1節「自動化の方針を決める」を参考に、自動化する範囲を見直してください。

命名規約を設定する

　順次実行型テストの自動化では、作成するスクリプト数が数千を超えます。後からどの試験のスクリプトかをわかりやすくするため、スクリプト名の命名規約が必要になります。命名規約の例は以下のとおりです。

「テストケース名 _ 機能名 _ テストケース No」

　後から見てわかるスクリプト名にしなければ、実行する際や修正する際にどのスクリプトかがわからず、最悪の場合は「新規で作成したほうが早い」となってしまうことがあります。そのような作業の手戻りが発生してしまうと、工数削減を目的としている自動テストでは致命的です。設計段階でしっかりとしたスクリプト名を設定し、スクリプト名から何の試験かを明確にしなければなりません。

共通関数を設計する

　順次実行型テストの自動化をするうえで、メンテナンス工数とスクリプト作成工数を削減するため、共通関数の作成が重要です。ここでは、自動化対象のテスト項目に対し、必要な共通関数を洗い出します。
　自動化で共通関数でおこなう処理の例は、以下の表のとおりです。

◆ 共通関数の処理例

共通関数	内容
初期化処理	スクリプトがエラーでとまった場合、アプリが立ち上がったままになるので、Taskkill コマンドでアプリを強制終了させ、次のスクリプトが実行できるようにする。
ログイン処理	スクリプトで同じ処理が多い場合、共通化することで工数削減が可能になる。また、メンテナンスが発生した際にも修正工数削減につながる。
画面遷移	UI などの仕様変更が発生した際には画面遷移でメンテナンス工数が多く発生する。共通化することで作成工数とメンテナンス工数の削減を可能にする。
結果書き込み処理	テスト結果をテストケースに書き込む処理を共通関数にすることで、結果確認の工数を削減できる。
機能呼び出し	自動化対象のアプリの立ち上げやほかに呼び出すアプリなどは共通化することで工数削減につながる。
チェック処理	同じチェックを多用する場合、ロジックを共通化することで作成工数の削減につながる。

» 共通関数を作成するメリット

共通関数には以下の 4 つのメリットがあります。

(1) スクリプト作成の工数を削減できる

　　スクリプトを作成する作業を単純化するため、同じ画面遷移、同じチェックなど、同じ動作に共通関数を用います。共通化した関数を使うことでスクリプト作成工数の短縮につながります。

(2) メンテナンス工数を削減できる

　　仕様変更が発生した場合、スクリプトの修正が必要ですが、共通化することで修正箇所を少なくなります。

(3) スクリプトのエラー対応（初期状態に戻す処理）が可能になる

　複数のスクリプトを実行すると、エラーでスクリプトがとまった場合、スクリプトを終了した後に次のスクリプトが実行すると、前のスクリプトで実行したアプリの画面などが途中で表示された状態になることがあります。そうなってしまうと、2重でアプリが起動した状態となります。そのため、エラー発生した以降で、すべてのスクリプトでエラーになってしまいます。

　共通関数での初期処理として、Windows コマンドの Taskkill コマンドを実行し、立ち上がっているアプリを常に無くす処理を入れると、この問題を解決できます。

(4) 実施結果を確認する工数を削減できる

　スクリプト内では結果がログに書き込まれるため、ログから結果を確認するだけで多くの工数が発生します。テスト結果を Excel ファイルなどに書き込むことで、確認工数を削減しテスト全体の工数削減が可能になります。

≫ Web サイトテストの共通関数を洗い出す

今回の Web サイトの機能テストの例で、共通関数にするべき処理は以下のとおりです。

≫ InternetExplorer の起動→ログイン→画面遷移の処理

テストケースとしては同じ画面内でのテストのため、同じ処理を共通関数として織り込む必要があります。

≫ タイトル名を共通関数化する

自動化ツールによっては、ブラウザでボタンを押下する処理をスクリプトにする場合、画面名と押下するとボタン名を指定する必要があります。このとき、ブラウザによっては通常の画面タイトル以外にブラウザ固有の文字列が表示されますが、ブラウザがバージョンアップすると、その文字列が変更される場合があります。その場合、スクリプトで指定した画面タイトルをすべて修正する必要があります。

そのような修正工数を発生させないために、画面タイトルを共通し、1つ指定することですべて動作できるようにしなければなりません。ツールによって異なるため、バージョンが異なった際にタイトル名が変わってしまうか事前に確認しておく必要があります。

≫ 初期化処理（途中で止まった前のアプリを閉じる処理）

複数のスクリプトを実行すると、評価対象の不具合やスクリプトの作成ミスが原因となって、スクリプトの処理が途中で止まってしまうことがあります。スクリプトが途中で止まってしまうと、起動していたアプリが残った状態で次のスクリプトが実行されてしまいます。すると、残ったアプリが影響し、実行しているスクリプトが正しく動かなくなります。

たとえば、以下のような2つのスクリプトがあるとします。

スクリプト **1**

(1) アプリ起動

(2) アドレス入力し入力項目に検索文字列入力（ここでエラーが発生した）

(3) 検索処理を開始し、結果確認

スクリプト **2**

(1) アプリ起動

(2) アドレス入力し、メール確認画面へ遷移する

(3) 画面遷移しメールの確認をおこなう

　この場合、スクリプト **1** の (2) の入力画面でエラーが発生した場合、画面は入力画面で止まってしまい、スクリプトの処理は次の処理に進んでしまいます。(3) のアプリ終了処理がされないまま スクリプト **2** に進むと、スクリプト **1** の終了処理が完了されず、起動中のアプリがあるにもかかわらず、スクリプト **2** の (1) アプリ起動処理が開始されます。

　すると、PC の画面の中に同じアプリが 2 つ起動している状態になり、スクリプトがどちらのアプリに対して処理をおこなえばよいかわからなくなり、スクリプトの処理が動作しなくなります。こうなってしまうと、これ以降のすべてのスクリプト処理が正しく動作せず、エラーが発生して自動テストが不可能になります。

　このような問題を防ぐために、スクリプト開始時には常にアプリが起動していない状態にしておく必要があります。ここでは、スクリプトの最初に初期処理（アプリが起動していたら終了処理）を追加することにします。

　終了処理には、Windows コマンドの Taskkill コマンドを使用します。

Taskkill コマンドを入れる

例）メモ帳を閉じる場合

TASKKILL /F /im　notepad.exe

この処理をスクリプトの最初に入れることで、どのスクリプトも同じ状態で処理を開始させられます。1000 件以上の数のスクリプトを実行しても、実行時に不要なアプリが無い状態にできるので、すべての処理が正常におこなわれます。この処理は非常に重要です。

》 実行結果の出力処理

自動テストで実施した結果を確認する際に、手作業でログを確認し、OK ／ NG の判定をするような場合があります。ログを手作業で確認すると、それだけで確認工数が大きく増えてしまいます。これでは自動テストによる工数削減を十分に実現できていません。それどころか、実施結果のログ確認という確認工数が新たに発生しています。たとえば、1000 件を超えるスクリプトの実施結果を確認する場合、2 人日程度の工数となります。

確認工数を無くすには、結果の判定結果をテストケースの該当する箇所にスクリプトで直接入力するようにします。そうすれば、人間の作業は、実施準備と実行、そのあとの結果確認だけになります。

理想的な自動テストは、夜帰る前に実行し、朝に会社に来て実施結果を見るだけにしておく状態です。

現場の失敗例　結果の判定は自動で実施したログを見て確認する

自動化の目的は工数削減です。できるかぎり人間の手作業はなくさなければなりません。現場でよく見る光景は、実施したログを人間の手作業によって確認し、OK ／ NG の判定をおこなっている状況です、これでは工数を無駄にしています。100 件程度であれば何とかやり切れる工数かもしれませんが、数千件となった場合には、到底人の手で結果を確認できません。

　以前に、自動化ツールで確認した実施結果をログで確認していた処理をテストケースに自動で入力するようにしましたが、スクリプトを 1000 件程度作成してから処理を追加したため、大きな工数がかかりました。

　この結果確認を自動でテストケースに入力する処理は、どの場合でも必要です。そのため自動テストをおこなう場合には、必ず最初に織り込んでおく必要があります。

≫ スクリプトを作成する

　設計した内容をもとにスクリプトを作成します。スクリプト作成の際には、振り返りの資料とするために、どのような場面で困ったか、自動化できなかったテストケースはどのようなものかを残しておく必要があります。また、スクリプト作成にかかった時間がどの程度かも残しておかなければなりません。

　順次実行型テストの自動化では、広範囲のテストを自動化することになるため、いろんなパターンを自動化しなければなりません。ここでは、スクリプト作成の際に注意しておくべきポイントを押さえておきましょう。

≫ デスクトップのファイルの指定はおこなわない

　デスクトップのファイル指定をすると、実行する場合にスクリプトが動作しなくなってしまいます。

　スクリプトでデスクトップのファイルなどを指定する場合、スクリプト上で指定するとパス名にユーザー名が入ってしまうため、ユーザーが変わると処理が止まってしまいます。

デスクトップのファイルを指定した場合
```
C:¥Users¥user1¥Desktop¥text.txt
```

　自動テストを運用する場合、ユーザーが変わっても実行できるようなしくみにしなければなりません。そのためには、以下のように C ドライブ直下に必要なファイルを指定します。

C ドライブにファイルを指定した場合
```
C:¥Users¥text.txt
```

　C ドライブ直下のファイルを指定すると、実行ユーザー名がアドレスに現れないため、どのユーザーでも実行可能になります。

≫ パス名など長い文字列はキー入力ではなく文字列のペーストにする

　スクリプトを作成していくと、アドレスなど長い文字列を入力する処理が出てきます。この場合の長い文字列の入力には注意が必要です。長い文字列をキーボード入力にしてしまうと、まれに 1 文字欠けてしまうことがあります。

> キーボード入力する文字列
> `https://www.yahoo.co.jp/`

　このような文字列が「https://www.yaoo.co.jp/」となってしまい、ミスが発生してしまうことがあります。このような現象は、実行中の PC の負荷が要因かわかりませんが発生します。どのような PC の負荷状態でも、スクリプトが問題なく実行できるように作成しなければなりません。100 回実施しても 100 回正しく動作するようなスクリプトにするべきです。

　この場合でのスクリプトの作成は、キーボード入力ではなく、ペーストにしなければなりません。ペーストでの入力に切り替えることで、文字が欠けてしまうといったことを防げます。

≫ 同じスクリプトでも何かの原因で止まってしまうことがある

　スクリプトを正しく作っていても、毎回同じように処理が成功するとは限りません。PC の負荷が上がってしまうことなどにより、処理が遅れてしまい、ボタンを押下するタイミングがずれてしまって、スクリプトが正しく動かなくなることもあります。

　スクリプトを作成する場合には、時間を空けるなど余裕を持たせたつくりにして、少し処理が遅れたとしても正しく動くようにしなければなりません。

≫ 結果判定をキャプチャーした画像の確認にしない

　ある現場の自動テストで、結果判定について、OK 画面全体を画面キャプチャーし、その画面と一致するかどうかで判定していました。しかし、画像

一致での確認では、1ドットのズレさえNGとするため、アプリの位置やポップアップの位置が異なるだけでNGとなるため、結果はほぼNGとなりました。そのため、結果がNGかどうかの確認を人間がおこなうことになり、工数がかかっていました。

結果の判定は、必要な項目のみを抜き出してOK／NGを判定するべきです。たとえば、点数の数値の結果確認であれば、その数値のみ抜き出し、スクリプトに記載している期待結果と合致するか判定するようにしなければなりません。

» アプリの起動でショートカットを押下しない

スクリプトでアプリを起動する処理において、デスクトップ上のショートカットをダブルクリックすることにしていた現場がありました。そして、ショートカットの位置が変わるたびにスクリプトを修正していました。とてもに非効率な自動化の処理です。

この場合、アプリを起動するのはショートカットではなく、ショートカットも参照元であるCドライブのアプリが格納されているアプリを直接押下ことで解決しました。

» ほかの人が理解できない自動テストは厳禁

自動テストの運用期間は長いので、自動化担当者も変更する可能性はあります。そのため、担当者が変わった場合にもメンテナンスができるような構成にしておかなければなりません。

スクリプトは、実行している場面で必ず仕様変更などの修正が発生します。その際に、スクリプトを作成した担当者しかわからないような記載をしていては、運用がままならなくなります。特に自動化の担当者は、開発者かテス

ト担当者かどちらになるか、会社によって異なることがあります。運用だけ
の場合にはテスト担当者になることがあり、スクリプトの作成技術が十分で
ない人が担当することも出てきます。

》試験を実施する

　作成したスクリプトに対してまとめて実行します。実行にかかった時間も
計測しておく必要があります。

　実行したスクリプトは結果確認をおこないます。1 本単位では問題が発生
しない場合でも、数多くのスクリプトをまとめて実行すると、必ず何かしら
の問題が発生します。

　また、数が増えた段階で問題が見つかってしまうと、メンテナンス工数が
大きくなってしまいます。特に、スクリプト作成の 1 回目では、問題が見つ
かることが多いので注意が必要です。

5-4

テストを振り返る

計画に対しての実績の検証

検証する内容は、第3章でも説明したように、以下の内容です。

- 計画していた削減工数と実績の工数との比較
- スクリプト実行時に発生した問題と対策について
- スクリプトに追加が必要な共通機能の検討と導入
- さらに工数削減を行うにはどのような対策をすればよいか案を出す
- 事前に出した懸念は解消できたか確認する
- 実装した自動化が有効だったか検証する

この検証をもとに、次の自動化をどうするかを検討していきます。機能テストの自動化ではスクリプト数が多くなり、メンテナンスの発生が大きなリスクになります。そのため、振り返る内容は、追加してよかった共通関数や追加すべき共通関数がおもな内容です。

また、機能テストの自動化では、数多くのスクリプトを一度にまとめて実施する場合には、何らかの問題が発生します。

問題はすぐに対応し、次に作成するスクリプトには問題を対策しておかなければなりません。

▶ Web サイトのテストを振り返る

　実際に、Web サイトのテスト例の振り返り内容は以下のとおりです。1 度経験した問題は、次回の自動テストで対策できれば、今後問題なく自動化作業を進めることができます。

（1）Taskkill コマンドで初期化処理をおこなう必要があった

　スクリプトを 1 本ずつ実施した場合は、このような問題は起きません。しかし、作成したスクリプトを 1 度に数十件実施したところ、うまく動かなくなったスクリプト以降のすべてのスクリプトの処理がエラーとなってしまいました。

（2）実施結果の自動結果入力

　最初の 2 か月に作成したスクリプトでは、実行結果の確認方法はログを見ることにしていました。4 か月に入ったところから、スクリプトの件数が 400 件を超え、ログから結果を確認すると工数がかかってしまうことになりました。

　そこで、スクリプトには、実施結果をテストケースに入植する処理を追加することになりました。しかし、400 件のスクリプトに処理を追加する場合、400 件のスクリプトに共通関数で処理を追加・実行し結果を確認するとなると、スクリプト 1 本あたり 15 分かかるとしても、400 本 × 15 分で 2000 分（約 100 時間）かかってしまうことになりました。

　自動テストをおこなう場合には、テストケースへの自動で結果入力は必須の処理です。はじめに用意しておくべきでした。

（3）リスクの事前の洗い出し（共通関数の検討）

　事前のリスク洗い出しとして、共通関数を作成することを十分に検討しました。その結果、仕様変更によるメンテナンス工数やスクリプト作成工数の軽減できました。共通関数の検討は、機能テストの自動化で作成するスクリプトが多くなるため、有効でした。

（4）スクリプト作成工数

　スクリプトの作成工数は、見積もり工数よりも少ない工数で作成できました。その要因として大きいのは、共通関数です。共通関数を作成することで、同じ処理の作成がかんたんになり、修正が必要となった場合も工数を減らせて、効率化に成功しました。

現場の失敗例　順次実行型テストの自動化で振り返りをおこなわない

　順次実行型テストの自動化の初回はよく失敗します。しかし、ほとんどの場合、問題を検出して対策すれば解決する内容です。失敗して終わりではなく、きちんと振り返りをおこなって問題を解決しなくては、失敗を次に生かせません。

　場合によっては、ツールの選定ミスといったこともあり、すべてのスクリプトを作り直す必要があるかもしれません。その場合でも、何が問題だったかを考察しておかなければ、次に生かすことができません。

　順次実行型テストの自動化は、スクリプトの数も多く、運用する試験範囲も広いので、問題はかなりの数発生します。振り返りを早い段階でおこない、スクリプト数が少ない状態で対策をおこなわなければなりません。1000 件以上のスクリプトすべてに修正が発生してしまうと、それだけで大きな工数

になってしまい、自動テストの目的である工数削減をそもそも実現できなくなります。何より工数にこだわるためにも、振り返りをおこなわなければなりません。特に順次実行型テストの自動化では振り返りが重要です。

振り返りの内容を思い出せない

振り返りの段階になってから振り返り内容を思い出そうとすると、忘れていて思い出せない場合が多くあります。テスト実施時に気づいた段階で、振り返り内容をメモする必要があります。気づいた段階でメモを取っておくと、かなりの数の振り返り材料が残ります。

ただし、時間が経ては必要ない内容や重要度が低くなっている内容もあります。振り返りの段階でメモした内容を精査し、次のフェーズで生かせる改善案をまとめていけばよいでしょう。

機能テストを自動化するには、振り返りを通じてメンテナンス効率やスクリプト作成効率を改善させていくことが重要です。振り返りを充実したものにするためにも、問題点、改善内容、改善した内容などがあれば、その場でメモする習慣をつけましょう。このメモする習慣が、自動化を成功させるといっても過言ではありません。

これは自動テストに限らず、手動のテストでもおこなう必要があります。チームメンバー全体にこのような考え方を持ってもらい、改善活動をおこなえば、より良いチームになります。

コラム その他の自動化ツール適用例

　第4章、第5章で説明したテストの自動化以外にも、自動化ツールを適用できる例があります。

≫ 長時間連続試験

　長時間連続試験は、同じ動作を何時間もくり返す試験です。メモリリークなどの不具合を検出できるため、自動テストと並行して実施することをおすすめします。

　データ駆動型テストの自動化を実施中に、同じようにメモリリークの不具合も検出することもあります。この場合は、長時間くり返して実施する動作を絞り込んで進めていくとよいです。メモリリークが対策された際も、同じスクリプトを実行するだけで修正確認ができるので、何度も使うため非常に有効です。

　以下の図は、長時間連続試験の実施例です。

📍 長時間連続試験の例

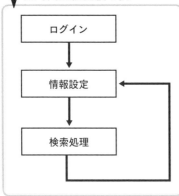

　ひたすら検索処理をくり返すテストです。自動化ツールを使えば、何時間でも同じ処理をくり返せます。単純な手順をくり返すだけのテストで貴重な人材を単調な作業に割り当てることはもったいないと感じますが、自動化ツールでおこなうのであれば、工数を使うことがなく問題ありません。

手順がかんたんなため、自動化するスクリプトも容易に作成できる点もメリットです。

》大量データの作成

通常、人間系の手作業でおこなう大量データの作成ですが、データ作成の一連の動作のスクリプトを作成することで、自動でおこなうことができます。データ作成だけでも 1000 件を超えると、夜間に自動で実施することで、作業の効率化を図れます。

また、長時間連続で同じ動作を繰り返すため、この大量データ作成中にメモリリークを検出してしまうこともあります。データ作成としながら、長時間連続試験をおこなっていることにもなるので、一石二鳥です。自動テスト導入の際は、このような使い方も作業効率を上げるために必要です。

以下の図は、データ作成の自動化の処理概要です。

🔖 大量データの作成の例

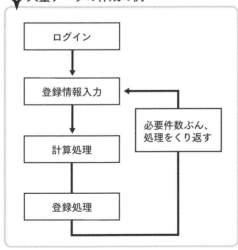

単純にデータを作成するのであれば、導入はかんたんです。登録するデータが単純なものでなければ、データ駆動型テストの自動化のプロセスを使い、入力するデータを作成したいデータに設定し、登録処理をくり返せば可能です。

　自動テストの技術を流用すれば、RPA が可能です。RPA とは「Robotic Process Automation / ロボティック・プロセス・オートメーション」の略で、ツールを用いてアプリケーション間の操作、データの入力、パソコン操作を自動化し、業務プロセスを自動化することです。

　これまで、業務の優先順位やコストメリットなどからシステム化されなかった業務を、自動化ツールを用いて自動化することで、低コストで精度の高い処理を実現できます。

　RPA が注目され始めた背景は、労働力人口の減少、働き方の多様化、働き方改革による作業時間削減です。大きな労働環境の変化により、これまでと同じ作業の進め方では行き詰まってしまいます。自動テストと同じように、ツールを使って自動化できる作業は自動でおこない、従来よりも作業効率を上げていく必要に迫られています。

　自動テストではテスト作業を自動化するだけでしたが、RPA の場合は多くの作業に適用でき、大量データの入力作業やチェックなど定型業務を自動化することで、より人間がおこなうべき業務が精査され、効率的な業務が可能になります。

　RPA も自動テストと同様に何でも自動化すればよいというわけではありません。また、どんな作業でも RPA が導入できるわけではありません。導入するためには、以下の 3 点に該当している必要があります。

- 電子データを使用し PC 上のシステムを使用する業務
- 定期的におこなう必要があり大量のデータを扱うもの
- 作業の処理方法やフォーマットが統一されているもの

RPA を実現するには、業務手順が最適化されていて、PC 上で作業が完結している必要があります。そのため、RPA 導入前には、作業を棚卸して業務手順の最適化させる作業が必要です。ただ自動化しても、実施する回数が少ないなど運用する機会が少ない場合は、自動化する効果がありません。これは自動テストと同様です。

RPA や自動テストは、人間の仕事を奪うのではなく、人間の仕事をサポートすることが役目です。RPA を導入することで、これまで多くの時間をとっていた単純作業のくり返し作業から解放され、作業者をより本業への専念させることが可能になります。また、私生活の充実も可能になります。これまで専門知識を持った担当者が事務作業に割いていた時間を顧客サービスに割り当てることが可能になり、顧客満足度を高めることが可能になります。

おわりに

　これまで見てきたとおり、必要な知識・技術を押さえてしまえば、自動テストはそれほど難しいものではありません。しかし、自動テストの技術は自動テストを実践する以外に身につける場面がほとんど無いため、初めて自動テストする際には、手探りで進めていくことになります。その際には、作業を進めながら自動テストの方針を固めるのが大きなリスクであることを理解しておく必要があります。自動テストを成功させるには、計画段階で方針を決め、リスクを事前に洗い出し、その方針に合致した自動化ツールを見極める必要があります。

　また、自動テストについては、担当者以外に知識がない現場が多いです。周りのアドバイスもない状態になるため、自動化の進め方、計画・設計、自動化ツールの選定などは、自動化担当者がしっかりと理解し決めていかなければなりません。たとえ周りからアドバイスをもらえたとしても、それが正しいノウハウかどうか見極める力が必要です。アドバイス情報が、インターネットでかんたんに調べただけのまちがった情報などの場合もあります。さらに、自動テストをきちんと理解していない上司の意見なども、自動化する場合の大きな阻害となります。そのような意見から避ける技術も必要です。

　本書の最後に、担当者の周りの環境が要因となる失敗例を5つ紹介します。

現場の失敗例 ▶ **「自動テストを全員ができるようにするぞ！」と言われた**

　自動テストをかんたんに考えているケースです。かんたんに使えるツールを使っただけで実際に自動化の作業を進めたことが無いため、自動テストの

難易度がわかっていないとみられます。

　まず、自動化を成功させるには、自動化の範囲が広いスクリプトを使った自動化を実現できなければなりません。ですが、テスト担当者のほとんどがスクリプトを使いこなすことがむずかしいでしょう。プログラムを使わない自動化ツールなどがありますが、肝心な箇所を自動化できず、現場では使えないレベルです。

　自動テストは少数精鋭の担当者でおこなうべきです。自動テストには専門知識が必要なので、専門チームを作り、ゆっくりと自動テストを経験してスキルを高めていかなければなりません。かんたんな自動テストであれば誰でもできますが、そのような自動テストは現場では使えるものにはなりません。

現場の失敗例▶「自動化すればいいんじゃない?」と言われる

　自動テストとは何かを理解していない上司などに作業を依頼されたパターンです。自動テストは、自動で動かすことだけで工数を削減できるわけではありません。上層部にしっかりと自動テストとは何かをしっかりと説明し納得してもらわなければ、自動化作業が終わってから「こんなものとは思わなかった、もっと工数を削減しろ」と言われかねません。しっかりと自動化できること／できないことを線引きし、削減できる工数をあらかじめ見積もっておく必要があります。そこで納得してもらうまで、作業はおこなわないほうがよさそうです。

現場の失敗例▶「自分、自動化できます!」という作業者

　自動テストをしたことがあるという人は最近増えてきています。成功したという人もいるかもしれません。しかし、工数が削減できているかという観点から見たとき、本当に成功したとは言えないケースも多くあります。

「自動テストの成功＝テストが自動で動くこと」となっている場合が多く、使える自動化ツールもかんたんに使えるプログラムを使わない自動化ツールを使っただけというケースです。そのため、スクリプトを使った自動テストをおこなうにあたり、手が止まってしまう場合が多くあります。

　自動化したことがあるという人は注意が必要です。自動テストの9割は失敗しているという事実を忘れてはいけません。成功していると思っていても失敗していることが多いです。

現場の失敗例 ▶ 自動テストの難易度をわかってもらえない

　自動テストをおこなうにあたり、その難易度を周りにわかってもらえない現場が多くあります。この問題は自動化チームの人選時に顕著になります。自動テストの難易度がわからず、不適格な人がアサインされてしまう場合が多いです。自動テストはテスト業務の1つなので、テスト実施者から適当な人を選定してもらっている場合が多いですが、自動テストではスクリプトを作成する必要があるため、プログラム作成スキルを持つ人員が必要です。

　自動テスト担当者は、自動化の実装だけでなくリスクを検知し、自動化の方針を決めていけるようなスキルが必要です。そのスキルは現場でしか身につけられません。最初はもちろんわからないことだらけですが、経験を積んでゆっくりと身につけてもらえれば良いと思います。

現場の失敗例 ▶ 自動テストというだけで極端な拒否反応を見せる

　自動テストで失敗した人に多いケースです。自動テストに失敗した場合によく言うのが「自動テストは使えない！」という声です。

　自動テストを理解せず、特に考えもなく自動化を進めたために失敗し、振り返りによる改善もおこなっていませんでした。このような場合、自分たち

の力不足ではなく、自動テストそのものが使えないと考えているように思えます。

　自動テストを進めようとしている中で上司がこれでは困ります。自動テストが使えないのではなく、自動テストのプロセスがまちがっていただけです。失敗してもあきらめず、振り返って学べば必ず成功します。自動テストの成功は、数ある失敗を 1 つずつ解決させていくことが重要です。

　私が自動テストを始めて 10 年以上が経ちましたが、自動テストの状況は変わっていません。聞くところによると、自動テストの失敗は 90％と言われています。10 年前から比べて自動テストを試す現場は増えましたが、そのうちで成功している現場はほんのひと握りです。

　また、自動化ツールは時間とともに新しいものが登場しますが、自動テストの手法は変わっていません。自動テストのプロセスをしっかりと理解すれば、これからどのような自動化ツールが出てきても成功するに違いないでしょう。自動テストで重要なのはプロセスなのです。これが、私が本書で最も伝えたかったことです。

　私が自動テストを始めた当初、正しいプロセスなどの情報もなく、右も左もわからないまま手探りで自動化のプロセスをつくってきました。当初は本書に記載したような失敗をしてきましたが、数々の現場での自動テストの導入を経験することで、成功パターンができあがってきました。

　現時点でも自動テストに関する有効な書籍はほとんど無く、数少ない書籍の内容ですら、現場への導入は難しい状態でした。そこでこの書籍では、実戦で活用できるよう具体的な設計例、現場での失敗例なども紹介し、初めて自動テストを導入する方にもわかりやすいように努めました。どういったリスクがあり、何を注意すれば良いかがわかれば、自動化は難しいものではあ

りません。

　本書は、自動テストのプロセスに関する内容が中心のため、テスト技術やプログラム技術に関する詳細な説明は割愛しました。あくまで自動テスト技術・知識の基礎に関する内容を取り上げています。テスト技術やプログラム技術に関しては、わかりやすい書籍があるのでそれを参考にしていただきたいと思います。

　テストを自動化するということは、試験のプロセスをすべて自動でおこない、工数を激減させ、品質を劇的に高めることではありません。あくまで、自動テストはコスト削減する手段の1つにすぎません。自動テストの導入により、人間は単純作業から解放されます。「本当に人間で行う業務は何か」「自動化させる業務とは何か」を考え、人間の働く意義を確認して業務を見直すことで、今後の働き方を考えるきっかけとなります。自動テスト以外の方法でも、チーム全体でコスト削減の施策を忘れずにおこなってください。自動テスト以外でもコストを削減する方法はたくさんあるはずです。

　また、本書を通じて自動テストの楽しさを感じてもらえれば幸いです。自動テストを1度経験した方は理解してもらえると思いますが、本当に楽しい技術です。自動テストのリスクをしっかりと抑えて対策し、成功するための技術を本書で学んでもらいたいと思います。自動テストに失敗した方が本書を読んでいただき、もう一度自動テストをやってみようと考えるきっかけになれば幸いです。

　最後に本書は技術評論社の西原さんの献身的なご尽力がなければ出版されることがありませんでした。西原さんに深く感謝申し上げます。

■著者プロフィール

林尚平（はやししょうへい）

1979年生まれ、兵庫県出身、41歳。大学院卒業後、システムエンジニアとして業務系システムの開発に従事し、その後にテストエンジニアに転向し自動テストに出会う。自動テストを始めた当初は何もわからない状況だったが、試行錯誤をくり返し、現在の自動テストのプロセスを作り上げた。10を超える自動化ツールを使いこなし、現場に最適な自動化内容や自動化ツールの提案、業務系／組み込み系問わず自動テストの導入提案をおこなうなど、テスト工数削減に悩む数々の現場で自動テストの導入、運用、支援などをおこなう。現在もテストエンジニアとして自動テストを担当。

● facebook：https://www.facebook.com/hayashi1979

装丁　Isshiki（霜崎綾子＋柴田琴音）
本文デザイン・DTP　朝日メディアインターナショナル
編集　西原康智

■お問い合わせについて

　本書に関するご質問は、FAX か書面でお願いいたします。電話での直接のお問い合わせにはお答えできませんので、あらかじめご了承ください。また、下記の Web サイトでも質問用フォームを用意しておりますので、ご利用ください。
　ご質問の際には、以下を明記してください。
　・書籍名　　・該当ページ　　・返信先（メールアドレス）

　ご質問の際に記載いただいた個人情報は質問の返答以外の目的には使用致しません。
　お送りいただいたご質問には、できる限り迅速にお答えするよう努力しておりますが、お時間をいただくこともございます。
　なお、ご質問は本書に記載されている内容に関するもののみとさせていただきます。

■お問い合わせ先

宛先：〒 167-0846
　　　東京都新宿区市谷左内町 21-13
　　　株式会社技術評論社　雑誌編集部
　　　「ソフトウェアテスト自動化の教科書」係

FAX：03-3513-6173
Web ページ：https://gihyo.jp/book/2020/978-4-297-11736-8

ソフトウェアテスト自動化の教科書
～現場の失敗から学ぶ設計プロセス

2020 年 12 月 10 日　初版　第 1 刷発行

著　者　　林　尚平
発行者　　片岡　巌
発行所　　株式会社技術評論社
　　　　　東京都新宿区市谷左内町 21-13
　　　　　電話　03-3513-6150（販売促進部）
　　　　　　　　03-3513-6177（雑誌編集部）
印刷・製本　日経印刷株式会社

ISBN 978-4-297-11736-8　C3055

Printed in Japan